RAUL CANALES ECOBEDO
JOSÉ LUIS RIOS FLORES
MANUEL DE JESUS AZPILCUETA RUIZ-ESPARZA

HUELLA HÍDRICA FÍSICA, ECONÓMICA Y SOCIAL

RAUL CANALES ECOBEDO
JOSÉ LUIS RIOS FLORES
MANUEL DE JESUS AZPILCUETA RUIZ-ESPARZA

HUELLA HÍDRICA FÍSICA, ECONÓMICA Y SOCIAL

DE LA MANZANA (Malus domestica L.) VARIEDAD RED DELICIOUS DEL NORTE DE MÉXICO

Editorial Académica Española

Imprint
Any brand names and product names mentioned in this book are subject to trademark, brand or patent protection and are trademarks or registered trademarks of their respective holders. The use of brand names, product names, common names, trade names, product descriptions etc. even without a particular marking in this work is in no way to be construed to mean that such names may be regarded as unrestricted in respect of trademark and brand protection legislation and could thus be used by anyone.

Cover image: www.ingimage.com

Publisher:
Editorial Académica Española
is a trademark of
Dodo Books Indian Ocean Ltd. and OmniScriptum S.R.L publishing group

120 High Road, East Finchley, London, N2 9ED, United Kingdom
Str. Armeneasca 28/1, office 1, Chisinau MD-2012, Republic of Moldova, Europe
Printed at: see last page
ISBN: 978-613-9-40476-6

HUELLA HÍDRICA FÍSICA, ECONÓMICA Y SOCIAL DE LA MANZANA (*Malus domestica L.*) VARIEDAD RED DELICIOUS DEL NORTE DE MÉXICO

RAUL CANALES ECOBEDO

JOSÉ LUIS RIOS FLORES

MANUEL DE JESUS AZPILCUETA RUIZ-ESPARZA

Contenido

RESUMEN

El objetivo fue determinar la huella hídrica (HHF) en sus tres variantes: física, económica y social mediante índices de eficiencia física (EFA), económica (EEA) y social (ESA) del agua, así como la productividad física (PFA), económica (PEA) y social (PSA) del agua usada en la producción del cultivo de manzana (*Malus domestica L.)* variedad Red Delicious producida en el norte de México, en los principales estados productores: Chihuahua, Coahuila y Durango en 2022. Se utilizaron modelos matemáticos de eficiencia y productividad del agua de para un cultivo en lo individual, así como a nivel agregado para varios cultivos. Las variables independientes con que se nutrieron los modelos fueron datos productivos a escala comercial. Siempre en el orden de Durango, Coahuila, Chihuahua y el promedio ponderado de los tres, los resultados señalan: en la EFA (en litros/kg):6346, 1111, 391 y 541; en la EEA (en m^3/USD de ganancia (+) o pérdida (-): -1.82, -0.56, 3.27 y -99.63: en la ESA (en m^3/empleo): 65829, 13091, 18680 y 22570; en la PEA (en kg/m^3): 0.158, 0.900, 2.557 y 1.848; en la PEA (en USD de ganancia(+) o pérdida (-) /m^3): -0.55, +1.78, 0.31 y -0.01; en la PSA (en empleos/hm^3):15.19, 76.39, 53.33 y 44.31. solo la HH Física de Chihuahua y el promedio ponderado de los tres estados (con 389 y 541 L kg^{-1} respectivamente) se ubicaron por debajo de la HH promedio mundial de 700 L kg^{-1}, Durango y Coahuila con 6346 y 1,111 estuvieron arriba de los 700 L kg de la HH promedio mundial lo que los mal posiciona a estos dos estados, ya que sugiere un enorme traslado de agua mexicana a otros países cristalizado bajo la forma de manzana Red Delicious, así como al mismo mercado interior, a su vez les señala como ineficientes e improductivos en el uso del agua en términos físicos, económicos (pues produjeron pérdida por hm^3 usado) y solamente Coahuila sale bien librado en la HH social, pues es quien menos agua usa por empleo generado .

Palabras clave: manzana •productividad •eficiencia• agua virtual• sustentabilidad • Huella hídrica.

ABSTRACT

The objective was to determine the water footprint (HHF) in its three variants: physical, economic and social through indices of physical efficiency (EFA), economic (EEA) and social (ESA) of water, as well as physical productivity (PFA), economic (PEA) and social (PSA) of the water used in the production of the apple crop (*Malus domestica L.*) variety Red Delicious produced in the north of Mexico, in the main producing states: Chihuahua, Coahuila and Durango in 2022. the mathematical models of water efficiency and productivity for an individual crop as well as at an aggregate level for several crops. The independent variables that fed into the models were commercial-scale production. Always in the order of Durango, Coahuila, Chihuahua and the weighted average of the three, the results indicate: in the EFA (in liters/kg): 6346, 1111, 391 and 541; in the EEA (in m^3/USD of profit (+) or loss (-): -1.82, -0.56, 3.27 and -99.63: in the ESA (in m^3/employment): 65829, 13091, 18680 and 22570; in the PEA (in kg/m^3): 0.158, 0.900, 2.557 and 1.848; in the PEA (in USD gain(+) or loss (-)/m3: -0.55, +1.78, 0.31 and -0.01; in the PSA (in jobs/hm^3): 15.19, 76.39, 53.33 and 44.31. Only the Physical HH of Chihuahua and the weighted average of the three states (with 391 and 541 L kg^{-1} respectively) were located below the world average HH of 700 L kg^{-1}, Durango and Coahuila with 6346 and 1,111 were above the 700 L kg^{-1} of the world average WF, which poorly positions these two states, since it suggests an enormous transfer of water Mexican to other countries crystallized in the form of the Red Delicious apple, as well as to the domestic market itself, in turn points them out as inefficient and unproductive in the use of water in physical and economic terms (since they produced loss per hm^3 used) and only Coahuila It comes out well in the social HH, since it is the one that uses the least water per employment generated.

Keywords: apple •productivity •efficiency • virtual water • sustainability • Water footprint.

I. INTRODUCCIÓN

La manzana, sin lugar a dudas una de las más gustadas frutas en el mundo, no solo por su exquisito sabor, también por sus notables bondades en cuanto a la salud así lo demuestran, ya que según BUPA, 2023[1] Tiene los beneficios siguientes: "Fortalece el sistema inmune

Mejora la función cerebral

Ayuda a resolver problemas intestinales y el dolor de estómago

Previene contra la diabetes (o ayuda a controlarla)

Protege de las enfermedades cardiovasculares.

Lucha contra el asma

Evita las caries.

Ayuda a prevenir el cáncer, enfermedades cardíacas, la anemia

Mejorar el humor

Previene el envejecimiento precoz" Debido precisamente a su gran palatabilidad y sus propiedades saludables, hacen de la manzana el principal de los llamados super-alimentos, lo que ha ocasionado de acuerdo con 2000 Agro Revista industrial del agro, 2021[2]. Que la producción de este fruto, sea considerado como el de mayor consumo mundial, se sabe que a nivel global la producción de manzana aumentó a una tasa media anual de 8.4 por ciento en el periodo 2012-

---

[1] BUPA (British United Provident Association), 2023. Todos los beneficios de comer manzanas. Disponible en https://www.bupasalud.com/agentes/novedades/actualizaciones-2023 Fecha de última consulta 7 de enero de 2024.

[2] 2000 Agro Revista industrial del agro, 2021. Disponible en: https://www.2000agro.com.mx/agroindustria/crecimiento-de-2-digitos-en-produccion-de-manzanas/

2020, mientras que en México en ese lapso la producción de ésta fruta tuvo una tasa anual de crecimiento del 14% .

Ahora bien, al ser creciente la demanda de manzana, implícitamente habrán de utilizarse más recursos en su producción, específicamente implicará una mayor demanda de agua dulce en su producción, dado el problema a tratar donde este trabajo se inserta, el de la escases del agua, por lo que obligatoriamente, de manera necesaria y objetiva, se requiere determinar el grado de eficiencia y productividad con que se usa la escasa agua dulce en este súper-alimento llamado manzana, pues si bien es un alimento saludable y de rico sabor, eso no lo exime de hacer un adecuado uso de un recurso tan escaso como lo es el agua, ya que no solamente la sostenibilidad de la producción en el largo plazo depende de ello: la disponibilidad de agua en las generaciones futuras para el consumo humano está en juego, por ello cobra importancia el uso adecuado del agua.

Debe quedar claro desde este inicio, que este trabajo no trata sobre el cultivo de manzana variedad Red Delicious, de lo que trata es sobre cómo es que en la producción de manzana Red Delicious se usa el principal recurso en la producción agrícola: el agua dulce, que como más delante se verá, es un recurso realmente escaso, pues el agua dulce *disponible* para el ser humano apenas si representa el 0.0075% del total de agua existente en el planeta, de allí la importancia de contar con números índice que señalen de manera clara, en ***términos físicos***, cuánta agua se necesita por cada kilogramo de fruta producida, o lo que es lo mismo pero en forma inversa: cuantos kilogramos se producen por cada metro cúbico de agua usado, asimismo, en ***términos económicos***, cuanta ganancia genera cada metro cúbico del agua que se usa en la producción, o dicho como su inverso, cuantos metros cúbicos de agua se necesitan para producir una unidad monetaria de ganancia, y finalmente, en *términos sociales*, que tanto empleo se genera al usarse un hectómetro cúbico de agua en la producción o visto como su inverso: cuantos metros cúbicos de agua se asocia a la creación de un empleo en la producción agrícola de manzana Red Delicious.

De esta forma, solamente cuando se tienen los números índice de la huella hídrica en términos físicos, económicos y sociales de todo el conjunto de cultivos de una región agrícola, se está en posibilidad de hacer una adecuada asignación del agua entre las diferentes alternativas en que el agua puede ser usada, para así, siempre teniendo un objetivo al usar el agua, asignar el agua aquellas actividades productivas en cultivos o actividades ganaderas, que, a la vez que maximicen los beneficios económicos y sociales, en términos físicos ahorren agua, para abonar así a la sostenibilidad a largo plazo y a la disponibilidad del recurso para su uso por parte de la generaciones futuras.

II.   OBJETIVOS PARTICULARES E HIPÓTESIS

2.1 Objetivos

El objetivo general de este estudio fue determinar la huella hídrica en sus tres facetas: en términos físicos, en términos económicos y en términos sociales, mediante ecuaciones matemáticas alimentadas con datos a escala comercial, para así determinar, en primer lugar, **_cual es la cantidad de producto_** (físico -en kg-, económico -en USD de ganancia, y social -en empleos generados-) _que se produce por cada metro cúbico de agua usada en la producción en la manzana Red Delicious_ en los tres principales estados productores: Durango, Chihuahua y Coahuila en el norte de México, y en segundo lugar, **_cual es la cantidad de agua_** utilizada en la producción a escala comercial por cada kg de producto físico, así como la cantidad de agua usada por cada USD de ganancia así como la cantidad de agua asociada a la creación de un empleo en la producción de manzana Red Delicious en los tres estados señalados al norte de México en el año agrícola 2022.

2.2   Hipótesis

Primera hipótesis: _La huella hídrica física_ de la manzana (_Malus domestica L._) variedad Red Delicious de los tres principales estados productores de manzana Red Delicious, los estados de Durango, Chihuahua y Coahuila al norte de México, determinada mediante un índice de Eficiencia Física del Agua "EFA" (medida la EFA en litros de agua usada en la producción por kg producido abreviado como L kg^{-1}) tendrá un índice de _eficiencia física_ del agua **menor** a la huella hídrica promedio mundial de 700 litros por kg de manzana solamente en el estado de Chihuahua, mientras que Durango y Coahuila tendrán una EFA superior a la huella hídrica promedio mundial reportada por Mekonnen y Hoekstra (2010)[3] de 700 litros por kg.

Segunda hipótesis: ***La huella hídrica económica*** de la manzana (*Malus domestica L.*) variedad Red Delicious, determinada mediante un índice de Eficiencia Económica del Agua "EEA", medida la EEA en metros cúbicos de agua utilizada en la producción por cada USD de ganancia (si el índice es positivo) o pérdida (sí el índice es negativo) producido (abreviado como m^3 USD^{-1}) y un índice de Productividad Económica del Agua "PEA" (medida la PEA en USD de ganancia por metro cúbico de agua usada en la producción, abreviado como USD m^{-3}) será ***mayor*** a la EEA y a la PEA del promedio ponderado de los tres estados productores solamente en el estado de Chihuahua, mientras que Durango y Coahuila tendrán entonces una EEA y una PEA inferiores al promedio ponderado de los tres estados productores.

Tercera hipótesis: ***La huella hídrica social*** de la manzana (*Malus domestica L.*) variedad Red Delicious, determinada mediante un índice de Eficiencia Social del Agua "ESA", medida la ESA en metros cúbicos de agua utilizada en la producción por cada empleo equivalente producido (abreviado como m^3 $Empleo^{-1}$) y un índice de Productividad Social del agua "PSA" (medida la PSA en Empleos generados por hectómetro cúbico de agua usada en la producción, abreviado como E hm^{-3}) será ***mayor*** a la ESA y a la PSA del

---

[3] **Mekonnen, M.M. and Hoekstra, A. Y. 2010.** The green, blue and grey water footprint of crops and derived crop products. Hydrology and Earth System Sciences, 15(5): 1577-1600.

promedio ponderado de los tres estados productores solamente en el estado de Chihuahua, mientras que Durango y Coahuila tendrán entonces una ESA y una PSA inferiores al promedio ponderado de los tres estados productores.

III.   REVISIÓN DE LITERATURA

3.1 Origen genético de la manzana (*Malus domestica L.*), bondades y características.

De acuerdo con Botanical- Online (2023) "Las manzanas son el fruto de los manzanos, unos árboles (*Malus spp*) de la familia de las Rosáceas, en la que se encuentran arbustos silvestres o cultivados como el endrino, las rosas, u otros árboles como el almendro o el cerezo. El manzano europeo cultivado corresponde a la especie *Malus domestica L.* Es un árbol caduco de hasta 15 m. Sus tallos son grises y sus ramas jóvenes, pubescentes. Hojas elíptico-ovales con el envés cubierto de borra, dentadas, de hasta 15 cm de longitud. Flores blancas o rosadas de hasta 5 cm. El fruto (manzana) es un pomo de más de 5 cm, de color muy variable según las variedades. Es originario de Oriente, formado por hibridación de especies silvestres y algunas veces asilvestrado. No se sabe exactamente cuál es la especie primera cultivada de la que derivan todas las demás, aunque se piensa que lo más probable es que proceda de la especie *Malus sieversii Ledeb,* cuyo origen hay que situarlo hace 15,000 o 20,000 años en el centro de Asia, concretamente en Tian-Shan, una zona montañosa situada al noroeste de la China y en el Kazakstán."[4]

---

[4] **Botanical-oline, 2023**. Manzanas, fruta. Disponble en: https://www.botanical-online.com/botanica/manzano-caracteristicas#Caracteristicas_de_las_manzanas

De acuerdo con Haro y Moreau (2023)[5] , la manzana tiene las siguientes propiedades en cuanto a salud se refiere: "Ideal como tentempié de media mañana o media tarde, la manzana es una de las frutas más sanas que se conocen y, como tal, una de las más recomendadas para incluir en la dieta. Remedios naturales, transmitidos de generación en generación, la califican como ideal en caso de afecciones pulmonares, mezclada con una cucharada de miel para cortar la tos, para la higiene bucal de las encías, en caso de agotamiento físico e intelectual, en caso de gota, como excelente antidiarreico... ¿Cómo nos ayudan las manzanas?", señalan Haros y Moreau (2023 *Op. Cit.*) que las propiedades alimenticias y de salud de la manzana puede resumirse en los siguientes dieciséis puntos siguientes:

1) **"Para aplacar la ansiedad**. Cuando no te puedes concentrar porque tienes el estómago vacío, es recomendable tomar una manzana, ya que sólo aporta 50 Kcal por cada 100 gramos. Esto va a evitar otros alimentos más calóricos, como patatas chips, bollería, chocolate o golosinas, y que son poco saludables, ya que, entre otras cosas, aportan más calorías que se van a almacenar como grasas."

2) **"Como dentífrico natural**. Las fibras de la manzana (partes rosas tanto de la piel como de la pulpa), combinadas con la fuerza de la masticación, tienen un efecto de arrastre y de

[5] **Haro, G. Ana y Moreau, B. Mría Del Carmen. 2023.** Manzana. En: PULEVA; Bienestar para disfrutar de la vida. Disponible en. https://www.lechepuleva.es/aprende-a-cuidarte/tu-alimentacion-de-la-a-z/m/manzana#:~:text=La%20manzana%20nos%20aporta%20vitaminas,Para%20fortalecer%20pel o%20y%20u%C3%B1as.

limpieza de los residuos de comida en la boca, así como fortalecedor de las encías. Al tratarse de una fruta aromática, también actúa combatiendo el mal aliento".

3) **"En la lucha contra el colesterol**. La manzana contiene una fibra, la pectina, que es ideal para reducir el colesterol que se ingiere con la dieta. Lo arrastra antes de que sea absorbido por el organismo. Es la fruta perfecta para complementar un plato de carne o huevos. También su fibra es depurativa en ayunas porque reduce el colesterol de la bilis."

4) **"Para mejorar la memoria.** La manzana nos aporta vitaminas B1 y B6, que evitan el agotamiento mental y refuerzan la memoria. También es fuente de fósforo, mineral presente en los fosfolípidos del cerebro, potasio y sodio, indispensables para la conducción nerviosa."

5) **"Para fortalecer pelo y uñas**. La manzana aporta hierro, imprescindible para un pelo y uñas fuertes. Además contiene ácido pantoténico o vitamina B5, que es un favorecedor de la regeneración del cabello."

6) **"Contra la obesidad**. La fruta fresca, los zumos o alguna galleta integral baja en calorías debe ser la comida de complemento que sacie el apetito excesivo de los jóvenes, por las pocas kilocalorías que aportan, si no queremos que caminen hacia el sobrepeso y la obesidad. Desde luego, todo ello complementado con la práctica de algún deporte de forma regular."

7) **"Como refuerzo para las defensas**. La vitamina C contenida en la manzana estimula las células inmunes, reforzando las defensas y previniéndonos de catarros y gripes."

8) **"Como aliada frente las hemorragias.** Su vitamina C refuerza las paredes de los vasos sanguíneos y ayuda en la cicatrización de las heridas, por estimulación en la formación del colágeno. También evita el sangrado espontáneo de nariz y encías."

9) **"Como antídoto contra el decaimiento.** La manzana es la fruta con mayor contenido en fructosa que existe. Este azúcar es un monosacárido, que es una molécula simple de utilización inmediata por el organismo, que nos saca de una bajada de glucosa en la sangre, evitando los típicos cansancios y mareos que pueden aparecer entre una comida y otra."

10) **"Como ayuda al crecimiento.** La manzana es fuente de calcio y fósforo, indispensables en la formación de las sales minerales del hueso. También aporta vitamina C, que interviene en la formación de la sustancia matriz del hueso. Por otra parte, las vitaminas del grupo B son necesarias para el crecimiento y desarrollo de los músculos. Por todo esto es bueno tomar manzanas cuando se está en la época de crecimiento."

11) **"Para aumentar la capacidad muscular.** La vitamina B1 o tiamina previene el cansancio muscular, mientras la vitamina B2 ayuda en la obtención de energía y la vitamina B6 interviene en las proteínas que forman la masa muscular."

12) **"Para descansar los ojos.** Cuando nuestros ojos se resecan a causa de lugares mal ventilados, por la calefacción, por el uso del ordenador o simplemente por llevar mucho tiempo las lentillas, las manzanas aportan agua con vitamina B2 que los hidrata y mejora el mecanismo de visión. La manzana está especialmente indicada cuando se utilizan las lentillas."

13) **"Contra el acné**. Para evitar el acné es necesario tener una piel hidratada y depurada; en este sentido, la manzana es buena fuente de agua (85%). Del mismo modo, al no contener grasa o azúcares refinados, no contribuye a provocarlo."

14) **"Como bebida isotónica**. Las células del organismo deben tener un nivel de hidratación adecuado, ya que el cuerpo humano está constituido por un 70% de agua. Los riñones filtran diario 2,5 litros de agua, que hay que reponer con 1,5 litros de agua pura y otro más procedente de los alimentos. La manzana es agua en un 85% y lleva disueltas vitaminas minerales y azúcares; por lo tanto, esta fruta aplaca la sed y mantiene el nivel de agua en todas las células del organismo. Además, es fácil de transportar y se puede tomar en cualquier momento del día."

15) **"Como regulador intestinal**. La manzana contiene en su pulpa unas sustancias llamadas pectinas que regulan eficazmente el tránsito intestinal. Por su capacidad para hincharse con el agua, facilitan el peristaltismo, sin interferir en la absorción del calcio, del hierro o del magnesio, pero bloqueando el paso del colesterol a las células de la superficie intestinal. Cuando se quiere usar para evitar el estreñimiento se debe comer la manzana con la cáscara. En cambio, para evitar las diarreas se debe consumir sin la cáscara, y es más aconsejable tomarla rallada."

16) **"Contra los efectos nocivos de la contaminación y el tabaco.** Los humos procedentes de la contaminación y el tabaco oxidan las células del organismo. La cantidad de vitamina C que

aporta la manzana tiene un efecto antioxidante sobre los tejidos, impidiendo su envejecimiento prematuro."

Por su elevado valor nutricional, es que esta fruta es la de más alto consumo en el mundo, pues por cada 100 gramos, el valor nutricional de la manzana se caracteriza por tener 52 calorías, 85.6 gr de agua, 0.2 gr de grasas totales, 0.0 mg de colesterol, 1 mg de sodio, 107 mg de potasio, 14 gr de hidratos de carbono y o.3 gr de proteínas, así como minerales como cobre, manganeso, fosforo y zinc, lo mismo que vitaminas B, B12, folato y colina[6].

En cuanto a la taxonomía de la manzana, de acuerdo con Cerdán y Suárez (2020)[7], la manzana pertenece a al Orden Rosales, Familia Rosaceae, Subfamilia Amygdoaloideae, Tribu Maleae, Género Malus especie M. domestica (Borkh, 1803.).

Con base en Cerdán y Suárez (2020, *Op. Cit.*), existen varios centros de origen de las plantas cultivadas, el centro de origen más antiguo es el Chino, de donde el manzano es originario, lo mismo que el cerezo, el durazno, el ajonjolí, mijo, soya, caña de azúcar, arroz, y otros cultivos más. Ese centro de origen Chino correspondería a la Región III que el botánico Ruso Vavilov caracterizó para lo que actualmente es el noroeste de la República Popular China y el norte de Kazajistan.

---

[6] **Fuente: https://www.herbazest.com/es/hierbas/manzana**

[7] **Cerdán, Carlos y Suárez, Ana Isabel. 2020**. Biodiversidad Centros de Origen. Disponible en: . https://www.uv.mx/personal/asuarez/files/2020/05/Semana-5-Sesion-1-Centros-de-origen-2020.pdf

3.2 Mercado global, nacional y regional de la producción de manzana en 2021/22.

De acuerdo con FAO (2021) [8] en 2018 se produjeron en el mundo un total 868 millones de toneladas de diferentes frutas.

Como parte de los 868 millones de toneladas de frutas producidas en el mundo, la manzana, en cuanto a volumen físico, de acuerdo con la FAO (2021 *Op. Cit.*), es la cuarta fruta de mayor producción en el mundo, el primer lugar lo ocupan las bananas con 155 millones de toneladas, el segundo lugar lo ocuparon los cítricos como la naranja, limón, toronja con 152 millones de toneladas, el tercer lugar lo fue para la sandía y melón que tuvieron un volumen de 131 millones de toneladas, la cuarta posición fue precisamente para la manzana, pera, membrillo y pomos con 111 millones de toneladas (ver figura 1).

---

[8] ***FAOSTAT, 2021.*** Año Internacional de las frutas y verduras. *Disponible en:* https://www.fao.org/3/cb2395es/cb2395es.pdf

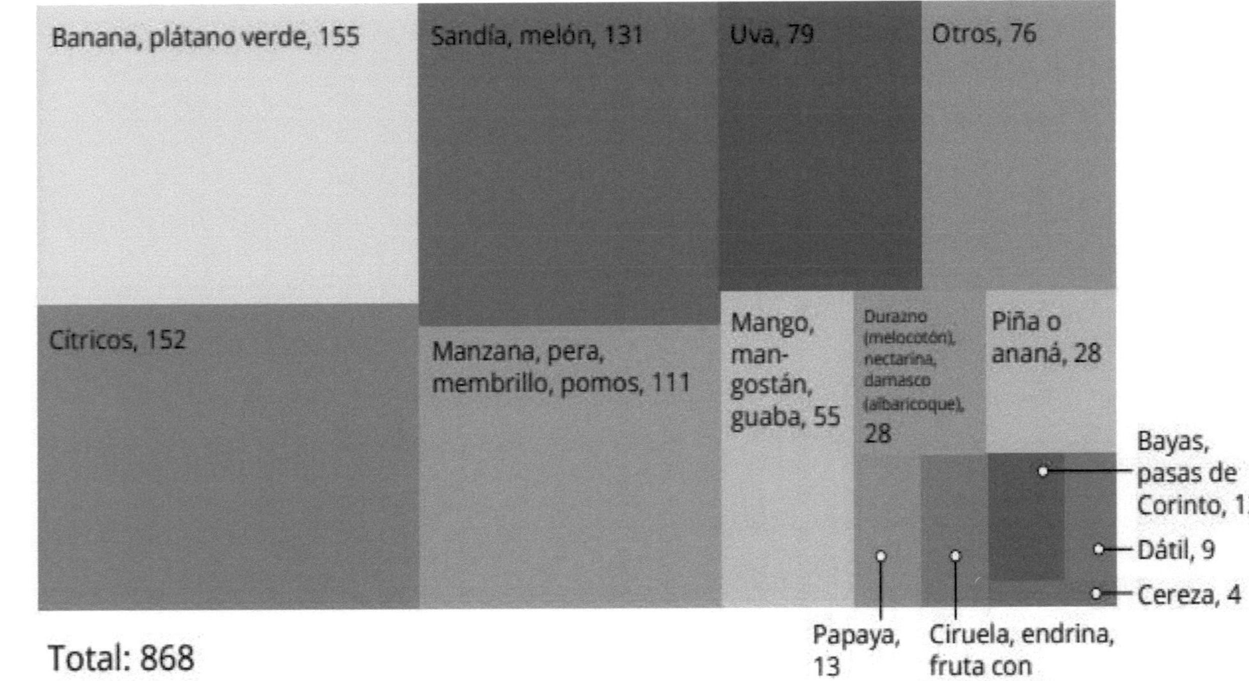

Figura 1: Producción mundial de frutas por producto en 2018 en millones de toneladas (Fuente FAOSTAT, 2021. Año Internacional de las frutas y verduras. Disponible en: https://www.fao.org/3/cb2395es/cb2395es.pdf)

Frutas como la uva, mango, guayaba, durazno, piña, dátil, papaya, ciruela, de acuerdo con la FAO (2021 *Op. Cit*) tuvieron menores volúmenes de producción física que la manzana, de hecho, la producción de uvas, en quinta lugar de importancia, con 79 millones de toneladas, tuvieron un tonelaje muy distante al de las manzanas, peras, membrillos y pomos (ver figura 1).

El cuadro 1 muestra la producción solamente de manzana, ya sin ser incluidas peras, membrillos y pomos como se señaló en los párrafos anteriores. Esa fuente muestra que entre 2019 a 2021 los principales países productores de manzana fueron China, Turquía, los E.U.A, Polonia y la India.

Country	2021	2020	2019
China	45,983	44,066	42,425
Turkey	4493	4300	3618
United States	4467	4665	5028
Poland	4067	3555	3080
India	2276	2814	2316
World	93,144	90,490	87,509

Cuadro 1: Principales países productores de manzana en el mundo 2019 a 2021 (en miles de toneladas métricas)[9]

Se observa en el cuadro 1 que entre 2019, 2020 y 2021 la producción mundial de manzana fue creciente al ir de 87,509 a 90,490 y de allí a 93,144 millones de toneladas métricas (mtm) respectivamente, que en términos de tasa anual de crecimiento (TAC)

[9] **FAOSTAT, 2023.** División de Estadística de la FAO. Disponible en. https://www.fao.org/3/cb2395es/cb2395es.pdf: consultado el 8 de noviembre de 2023

equivale a crecer 2.1% cada año, observándose que China fue el principal país productor de manzana al registrar en esos tres años 42,425, 44,066 y 45,983 mtm respectivamente, que en términos porcentuales representaron el 48.5%, 48.7% y 49.4% respectivamente de la producción mundial de manzana, con una TAC de 2.7% entre 2019 y 2021, arriba del crecimiento anual promedio mundial de 2.1%, aunque con producción mucho menor a la de China, Turquía fue el segundo país productor de manzana, ya que, con los volúmenes señalados en el cuadro 1, Turquía aportó el 4.1%, 4.8% y 4.8% de la producción mundial, no obstante, la producción Turca de manzana creció a un ritmo anual del 7.5% al ir de 3,618 mtm en 2019 a 4,493 mtm en 2021, semejante a Polonia, que fue el cuarto país productor con volúmenes relativamente cercanos a los de Turquía (ver cuadro 1) pero su crecimiento anual fue el mayor dentro de los cinco principales países productores de manzana, ya que al ir de 3,080 a 4,067 mtm entre 2019 y 2021, tuvo una TAC del orden de 9.7%.

Los Estados Unidos de América fueron el tercer productor, aportando entre 2019 a 2021 el 5.7%, 5.2% y 4.8% (equivalentes a 5 028, 4 665 y 4 467 mtm), la India fue el quinto principal país productor de manzana, al tener crecimiento decreciente en el período, presentó una TAC negativa del orden de 0.6% (ver cuadro 1)

El mercado global de la manzana, visto ahora desde la perspectiva de las exportaciones-Importaciones, es señalada en el cuadro 2.

Se observa del cuadro 2 que en 2021, el mercado de exportaciones-importaciones de manzana, pera y membrillo ascendió a $10,787 millones de dólares norteamericanos (MUSD), es decir, que entre los tres frutos, desde la perspectiva de quienes fueron los países que vendieron a otros países manzana, pera y membrillo, se recabó ese monto de valor de $10,787 MUSD.

Cuadro 2: Mercado global de manzana, pera y membrillo en 2021. Principales diez países.

Exportaciones				Importaciones			
Posición		MUSD	% de participación	Posición	País	MUSD	% de participación
1	China	$ 1,986	18.4	$ 1	Alemania	$ 786	7.29
2	Italia	$ 1,161	10.8	2	Indonesia	$ 661	6.12
3	EUA	$ 949	8.8	3	Rusia	$ 534	4.95
4	Chile	$ 818	7.58	4	Reino Unid	$ 517	4.79
5	Nueva Zelandia	$ 733	6.8	5	India	$ 388	3.59
6	Sudáfrica	$ 732	6.79	6	Países Bajo	$ 359	3.33
7	Paises bajos	$ 561	5.2	7	Mexico	$ 329	3.05
8	Polonia	$ 497	4.61	8	Vietnam	$ 358	3.32
9	Francia	$ 429	3.98	9	Tailandia	$ 325	3.02
10	Bélgica	$ 402	3.73	10	Francia	$ 310	2.88
	Resto del mundo	$ 2,519	23.31	sto del mundo		$ 6,220	57.66
	Total	$ 10,787	100	Total	Total	$ 10,787	100
	México	$ 0.507	0.0047				

Fuente: Elaboración propia, con base en cifras de DATA MEXICO, GOBIERNO DE MÉXICO, 2023. Disponible en: https://www.economia.gob.mx/datamexico/es/profile/product/apples-pears-and-quinces-fresh#:~:text=En%202021%20a%20nivel%20mundial,Unidos%20(US%24949M). Nota: MUSD = Millones de dolares norteamericanos

Destacándose en el cuadro 2, que el principal país vendedor (exportador) de esos tres frutos fue China, quien con $1,986 MUSD aportó el 18.4% del valor de las exportaciones mundiales, el segundo lugar fue para Italia, con el 10.8% (1,161 MUSD) del valor total de las exportaciones de manzana, pera y membrillo, E.U.A. fue el tercer país vendedor de esas tres frutas, con 949 MUSD equivalente al 8.8% de las exportaciones globales de esas tres frutas. México no figura dentro de los diez principales países exportadores, México, con apenas $0.507 MUSD contribuyó con el 0.0047% del valor de las exportaciones de manzana, pera y membrillo.

Ahora bien, ¿Quiénes fueron los principales países que le compraron la manzana exportada por los países señalados en la parte izquierda del cuadro 2?, la respuesta es la parte derecha del cuadro 2, de allí se observan a los principales países importadores de manzana, pera y membrillo, que en conjunto importaron $10,787 MUSD, destacándose que el principal país comprador de esas frutas fue Alemania, que con 786 MUSD contribuyó con 7.29% de las importaciones mundiales, el segundo principal país importador de esas frutas fue Indonesia con $661 MUSD acaparó el 6.12 del valor mundial de las importaciones de esas tres frutas, el tercer principal país comprador de manzana, pera y membrillo fue en 2021 Rusia con $534 MUSD equivalente al 4.95 del valor total de las importaciones.

México, de acuerdo al Cuadro 2, fue el séptimo principal país importador de manzana, pera y membrillo, ya que sus importaciones ascendieron a $329 MUSD, equivalente al 3.05% del valor global de las importaciones. Es de observarse que Francia vendió esas frutas y recabó un total de $429 MUSD a la vez que le compró esas tres frutas al resto del mundo un total de $310 MUSD.

A un menor nivel de agregación, solamente a nivel de los Estados Unidos Mexicanos, el cuadro 3 contiene la información sobre la producción de manzana a cuatro niveles de agregación:

1) Producción de manzana en general, es decir todas las variedades, tanto de *riego como de temporal*, en todo tipo de tecnología (a cielo abierto y en agricultura protegida (invernadero, malla sombra y macro-túnel), todo tipo de producción (convencional y orgánica), para el mercado interior y el mercado exterior y a nivel de todo el estado (nacional, Chihuahua, Coahuila, Durango y los tres estados productores) (ver parte superior del cuadro 3).

2) Producción de manzana en general, es decir todas las variedades, *solamente bajo riego*, en todo tipo de tecnología (a cielo abierto y en agricultura protegida (invernadero, malla sombra y macro-túnel), todo tipo de producción (convencional y orgánica), para el mercado interior y el mercado exterior y a nivel de todo el estado (nacional, Chihuahua, Coahuila, Durango y los tres estados productores). (ver parte media superior del cuadro 3).

3) Producción de manzana **Red Delicious *bajo riego***, en todo tipo de tecnología (a cielo abierto y en agricultura protegida (invernadero, malla sombra y macro-túnel),

todo tipo de producción (convencional y orgánica), para el mercado interior y el mercado exterior y a **nivel estatal** para cada uno de los tres principales estados productores así como a nivel nacional. (ver parte media inferior del cuadro 3)

4) Producción de manzana **Red Delicious bajo riego**, todo tipo de producción (convencional y orgánica), para el mercado interior y el mercado exterior y a **nivel de los principales municipios productores** de los tres principales estados productores (Canatlán a cielo abierto, Arteaga, Coahuila en Agricultura protegida nacional y Cuauhtémoc, Chihuahua a cielo abierto). Ver parte inferior del cuadro 3.

Cuadro 3: Producción de manzana en México, 2022

Nivel de agregación	Superficie	producción	VBP	% respecto del nacional		
	Ha cosechadas	Toneladas	Miles de MX$	Superficie	producción	VBP
I) Producción de manzana (todo tipo de tecnología, RIEGO+TEMPORAL, todas las variedades, mercado interio+mercado exterior)						
Nacional	54,949.96	808,906.03	$ 8,871,591	100.0%	100.0%	100.0%
Durango	5,040.98	6,149.04	$ 94,818	9.2%	0.8%	1.1%
Coahuila	5,727.00	45,051.26	$ 467,736	10.4%	5.6%	5.3%
Chihuahua	31,682.36	688,788.72	$ 7,740,114	57.7%	85.2%	87.2%
Los tres estados	42,450.34	739,989.02	$ 8,302,667.39	77.3%	91.5%	93.6%
% de los 3 estados	77.3%	91.5%	93.6%			
II) Producción de manzana (todo tipo de tecnología, RIEGO, todas las variedades, mercado interio+mercado exterior)						
Nacional	41,391.68	738,974.65	$ 8,314,048	75.3%	91.4%	93.7%
Durango	4,372.98	5,420.44	$ 86,388	8.0%	0.7%	1.0%
Coahuila	4,392.00	38,846.21	$ 431,589	8.0%	4.8%	4.9%
Chihuahua	31,248.29	687,508.25	$ 7,728,442	56.9%	85.0%	87.1%
Los tres estados	40,013.27	731,774.90	$ 8,246,419	72.8%	90.5%	93.0%
% de los 3 estados	96.7%	99.0%	99.2%			
III) Producción de manzana (todo tipo de tecnología, RIEGO, variedad RED DELICIOUS, mercado interio+mercado exterior). A nivel de TODO EL ESTADO						
Nacional	13,962.79	239,903.13	$ 2,909,806	25.4%	29.7%	32.8%
Durango	3,238.23	4,082.42	$ 64,984	5.9%	0.5%	0.7%
Coahuila	460.00	3,726.00	$ 40,285	0.8%	0.5%	0.5%
Chihuahua	9,964.51	230,451.24	$ 2,790,505	18.1%	28.5%	31.5%
Los tres estados	13,662.74	238,259.66	$ 2,895,773	24.9%	29.5%	32.6%
% de los 3 estados	97.9%	99.3%	99.5%			
IV) Producción de manzana (todo tipo de tecnología, RIEGO, variedad RED DELICIOUS, mercado interio+mercado exterior) A nivel de solo los los tres principales municipios productores. De Canatlán y Cuahtémoc es a cielo abierto (CA) no se produce en agricultura protegida (AP), y de Arteaga es						
Canatlan, Durango CA	2,213.00	2,998.00	$ 47,968	4.0%	0.4%	0.5%
Arteaga, Coahuila AP	460	3,726.00	$ 40,285	0.8%	0.5%	0.5%
Cuauhtemoc, Chihuahua	5,344.30	124,703.20	$ 1,428,382	9.7%	15.4%	16.1%
Los tres municipios	8,017.30	131,427.20	$ 1,516,634	14.6%	16.2%	17.1%
% de los 3 estados	14.6%	16.2%	17.1%			

Fuente: Elaboración propia, con base en cifras de SIAP, 2023

Desde la perspectiva del primer nivel de agregación, el cuadro 3 muestra que en 2022 ***la manzana de temporal en conjunto con la de riego***, se cosechó en 54,949.96 ha, de las que se obtuvieron 808,906.03 toneladas de manzanas en sus diversas variedades, producción que tuvo un valor en el mercado igual a MX$ 8 871,591 miles, observándose que de esas tres cifras macroeconómicas, el principal estado productor de manzana fue Chihuahua, que concentró el 57.7% de la superficie cosechada nacional señalada, aportó 852 kg de cada tonelada de manzana producida en México y finalmente contribuyó con MX$872 de cada MX$1000 producidos por el cultivo en el país, y muy de lejos le siguió, como segundo estado productor, el estado de Coahuila, que aportó 10.4% de la superficie nacional, contribuyó con 56 kg de cada tonelada producida de manzana en México y aportó MX$ 53 de cada MX$ producido de valor por el cultivo a nivel nacional; Durango, si bien fue el tercer principal estado productor de manzana en México, porcentualmente se ubicó muy lejos de Chihuahua, ya que, de las cifras de superficie cosechada, producción y valor señaladas al inicio del párrafo, concentró 9.2% de la superficie cosechada nacional de manzana, 8 de cada 1000 kg de manzana en México los produjo Durango, y finalmente, de cada MX$ 1000 de valor producido por el cultivo, aportó MX$11.

A un menor nivel de agregación que el señalado en el párrafo anterior, el segundo nivel de agregación, caracterizado por ser solo ***producción de manzana superficie bajo riego,*** pero aún a nivel de todas las variedades de manzana producidas, se observa del cuadro 3, que a nivel nacional se cosecharon 41,301.68 hectáreas (equivalente al 75.3% de la superficie nacional señalada en el párrafo anterior), de las que se extrajo una producción de 738,974.65 ton (91.4% de la producción nacional señalada en el párrafo anterior) con un valor de mercado de MX$8 314,048 miles (93.7% del valor nacional señalado en el nivel de agregación 1). En este segundo nivel de agregación, el estado de Chihuahua sigue siendo el principal estado productor de manzana bajo riego, pues concentró 56.9%,85% y 87.1% se la superficie cosechada nacional, producción nacional y valor nacional del cultivo señalado en el nivel de agregación 1; Coahuila siguió ocupando el segundo lugar como estado productor de manzana, pero ahora solamente bajo riego ya no incluyendo temporal, pues aportó 8.0%, 4.8% y 4.9% respectivamente de la superficie, producción y valor de la producción a nivel nacional señalado en el nivel 1 de agregación, la manzana de riego en Durango por su parte representó 8.0% de la superficie cosechada nacional, pero su producción representó apenas el 0.7% de la producción nacional y el valor de esta manzana de riego representó apenas el 1% del valor de la producción nacional.

En el tercer nivel de agregación del Cuadro 3, caracterizado por ser solamente la ***manzana bajo riego variedad Red Delicious a nivel estatal,*** (es decir ya no se incluyeron las restantes variedades de manzana como en los dos primeros niveles de agregación) se determinó que a nivel nacional se cosecharon 13,962.79 ha de manzana Red Delicious, superficie que produjo 239,903.13 toneladas, mismas que tuvieron un valor de MX2 909,805 miles, que en relación a las correspondientes cifras del nivel 1 de agregación (todas las variedades, temporal y riego) representaron el 25.4%, 29.7% y 32.8% respectivamente, es decir, de toda la superficie nacional cosechada en todas las variedades de manzana tanto en riego como en temporal, la manzana Red Delicious ocupó poco más de la cuarta parte de la tierra, generó casi un tercio (29.7%) de la producción y aportó un tercio (32.8%) de cada peso de valor que el cultivo produjo a nivel nacional. De nueva cuenta, siguió siendo el estado de Chihuahua el principal productor de manzana Red Delicious, pues esta variedad ocupó el 18.1% de la superficie nacional del cultivo, representó 28.5% de la producción global nacional y aportó 31.5 centavos de cada peso de valor producido por el cultivo a nivel nacional, pero Coahuila ya no fue el segundo sino el tercer estado productor, pues Durango presentó más aportes que Coahuila a la producción nacional. La variedad Red Delicious de Durango representó 5.8% de la superficie cosechada nacional de manzana (la Red Delicious de Coahuila apenas el 0.8%), aportó el 0.5% de la producción nacional (igual que Coahuila), pero en cuanto a aportes al valor generado por la Red Delicious en relacional a las cifras del nivel 1 de agregación, la manzana Red Delicious de Durango representó MX$7 de cada MX$1000 y Coahuila solamente MX$5.

El cuarto nivel de agregación del cuadro 3 es ya a nivel de los tres principales municipios de esos tres principales estados productores de **manzana Red Delicious bajo riego**. Así, se observa que Cuauhtémoc, fue el principal municipio del estado de Chihuahua, con 8,017.30 ha cosechadas de manzana Red Delicious a cielo abierto (no hubo producción en agricultura protegida), de las que se obtuvieron 124,703.20 ton con un valor de MX$1 428,382 miles, mientras que Coahuila cosechó esta variedad de manzana en el municipio de Arteaga, donde se cosecharon 460 ha en agricultura protegida (no hubo a cielo abierto) que produjeron 3,726 ton con un valor de MX$40,285 miles, a la par que en Durango el principal municipio productor de manzana Red Delicious fue Canatlán (a cielo abierto, no hubo producción en agricultura protegida), con 2,213 ha, de las que se produjeron 2,998 ton que tuvieron un valor en el mercado igual a MX$47,968 miles. El quien fue el segundo y tercer municipio productor (Arteaga o canatlán) depende de si se decide visualizarlo desde la superficie cosechada (donde Canatlán sería el segundo y Arteaga el tercero), o desde la perspectiva de la producción (donde Arteaga sería el segundo principal productor y Canatlán el tercero) o desde la perspectiva del valor generado (nuevamente Canatlán sería el segundo lugar y Arteaga el tercero), ver Cuadro 3.

Ahí en el mismo cuarto nivel de agregación, los tres municipios productores de manzana variedad Red Delicious bajo riego, en conjunto, representaron el 14.6% de la superficie cosechada nacional de manzana (todas las variedades riego y temporal), la manzana Red Delicious de estos tres municipios contribuyó con el 16.2% de la producción nacional y 17.1% del valor generado por el cultivo de manzana, lo que sugiere que la manzana variedad Red Delicious fue la principal variedad de manzana de entre las trece variedades registradas por el SIAP en su portal del Anuario Estadístico de la Producción Agrícola.

3.3 Huella hídrica mediante índices de Productividad y eficiencia del agua utilizada en la producción en diferentes cultivos.

El hecho de que aparezca la palabra "manzana Red Delicious" en el título de este obra, pareciera sugerir que este estudio tiene por objetivo el estudio de la manzana variedad Red Delicious, y lo cierto, es que no es así; este trabajo de lo trata en realidad, es acerca de cómo es que se usa un recurso infinitamente escaso en la tierra: el agua dulce disponible, cristalizado el uso de ese escaso recurso en uno de una cantidad infinita de posibilidades en las que el agua podría usarse: la producción de manzana variedad Red Delicious en tres estados del norte de México en el año agrícola de 2022, para que una vez se tengan índices acerca de cómo es que en la manzana variedad Red Delicious delimitado el estudio a esa región geográfica y a ese tiempo específicos utilizarlos mediante su contraste, con otras de las actividades humanas donde se usa el agua, para de esa forma tener elementos de claridad que señalen de manera concreta donde es que el agua es usada de manera más eficiente y más productiva, para en dado caso de ser posible, asignar ese escaso recurso, el agua, a aquellas actividades donde se le use de la mejor manera posible, para así, abonar a la sostenibilidad y a generar bases para que el agua dulce esté disponible para las generaciones futuras.

La huella hídrica es un concepto generado a inicios de este milenio. El concepto de "huella hídrica" fue creado en 2002 por Arjen

Hoekstra[10] en el Instituto UNESCO-IHE para la Educación relativa al Agua. El concepto fue posteriormente refinado y mejorado en su metodología de cálculo y su contabilidad mediante una serie de publicaciones realizadas por Ashok Kumar Chapagain y Arjen Hoekstra (2004)[11] en el Instituto UNESCO-IHE para la Educación.

En principio, la huella hídrica tiene la finalidad de estimar la cantidad de agua utilizada en la producción de un bien bajo condiciones específicas como lugar, tiempo y sistema de producción. Los autores de la huella hídrica le clasificaron en función del origen del agua utilizada en su elaboración. La huella hídrica es un indicador medioambiental que sirve para conocer la cantidad de agua que nos cuesta fabricar un producto, ***se mide en unidades de volumen por producto fabricado***[12] y se compone de tres tipos distintos de agua en función de la fuente de la que proviene el agua, que acorde a Zarza (2023). se las define de la siguiente manera[13]:

1) "huella hídrica azul: La huella hídrica azul es un indicador del uso consuntivo de la denominada "agua azul", es decir, del agua dulce superficial o subterránea. O, lo que es lo mismo, el volumen de agua dulce consumida de las aguas superficiales (ríos, lagos y embalses) y aguas subterráneas (acuíferos)."

---

[10] **Hoekstra, A.Y. (2003)** Virtual water trade: Proceedings of the International Expert Meeting on Virtual Water Trade, Value of Water. Research Report Series No. 12. IHE Delft, the Netherlands.

[11] **Chapagain, A. K. and Hoekstra A.Y. 2004.** Water Footprints of Nations. Volume 1: Main Report.Research Report Series No. 16.

[12] Como más delante se verá, al medirse así la HH, en unidades de volumen de agua por unidad de producto, deviene en un indicador de eficiencia en el uso del agua

[13] **Zarza, Laura F. 2023.** Diferencia entre huella azul, huella verde y huella gris. Disponible en: https://www.iagua.es/respuestas/diferencia-huella-azul-huella-verde-y-huella-gris

2) "huella hídrica verde: La huella hídrica verde es un indicador del uso que hacen los seres humanos de la llamada agua verde, que se refiere a las precipitaciones terrestres que no se transforman en escorrentía ni en aguas subterráneas, sino que se almacenan en el suelo o se quedan de forma temporal en la superficie del suelo o de la vegetación. O dicho de otra forma, atiende a la evaporación que se experimenta durante los procesos."

3) "huella hídrica gris: La huella hídrica gris se define como el volumen de agua dulce que se necesita para asimilar la carga de contaminantes basado en las concentraciones en condiciones naturales y en las normas o legislación de calidad ambiental del agua existentes.En resumen, al agua que se contamina como resultado de los procesos."

El cuadro 4 muestra la huella hídrica (HH) promedio mundial de algunos productos, dentro del que se observa que la manzana tiene una HH de 70 litros de agua por cada 100 gramos de manzana, es decir, que un kg de manzana tiene una HH de 700 litros.

Cuadro 4: Huella hídrica promedio mundal de algunos productos agrícolas, ganaderos e industriales.

Producto	Contenido virtual de agua (litres)	Producto	Contenido virtual de agua (litres)
1 glass of beer	75	1 glass of winw (125 ml)	120
1 glass of milk (200 ml)	200	1 glass of apple juice (200 ml)	190
1 cup of coffee (125 ml)	140	1 glass of orange juice (200 ml)	170
1 cup of tea (250 ml)	35	1 bag of potato crisps (200 g)	185
1 slice of bread (30 g)	40	1 egg (40 g)	135
1 slice of bread wirh cheese (10 g)	90	1 hamburguer (150 g)	2400
1 potato (100 g)	25	1 tomato (70 gr)	13
1 apple (100 g)	70	1 orange (100 g)	50
1 cotton T-shirt (medium sized 500 g)	4100	1 pair of shoes (bovine leather)	8000
1 sheet of A4-paper (80 g/m^2)	10	1 microchip (2 g)	32

Fuente: Chapagain, A. K. and Hoekstra A. Y. 2004. Water Footprints of Nations. Volume 1: Main Report. Research Report Series No. 16

Se destaca del cuadro 4, que en el caso de la leche, que aunque no lo señale de manera explícita, se refiere a la leche bovina, se tiene una huella hídrica la sitúa en 200 litros de agua por cada 200 ml de leche, lo que equivale a 1000 litros de agua por litro de leche, no obstante, como líneas atrás se señaló, la HH es una variable dependiente, que depende entre otras cosas del tiempo, lugar y sistema de producción, de manera tal que ésta varía de lugar a lugar, entre sistemas de producción y a lo largo del tiempo, así, por ejemplo, con base a Mekonnen y Hoekstra (2012)[14] la HH de la leche bovina de pastoreo es de 1,191 m^3 de agua por tonelada de leche (equivalente a 1,231 litros de agua por litro de leche si se considera una densidad de la leche de 1.034 kg por litro), mientras que en sistemas de producción mezclados, es decir, que se combine pastoreo con estabulación industrializada la HH baja a 956 m^3 / litro de leche.

En tanto la HH depende en primera instancia de dos variables independientes, el volumen de agua "V" usado en la producción y la cantidad de producto "Q" logrado con ese volumen de agua, la HH puede entonces ser expresada, en primer lugar, tal como Zarza (2023 *Op. Cit.*) lo señaló líneas atrás, como un cociente en el que en el numerador va el volumen "V" de agua utilizado en la producción mientras que en el denominador va la cantidad de producto "Q" logrado con ese volumen de agua, así, se la estaría midiendo a la HH con las unidades de m^3 por unidad de producto, no obstante, esas mismas dos variables, "V" y "Q" al invertirse en el cociente, haciendo que ahora "Q" vaya en el numerador y "V" en el denominador, permite

---

[14] **Mekonnen, M. M. & Hoekstra, A, Y. 2012**. A global Assesment of the wáter footprint of farm animal products. Ecosystems (2012) 15:401-415. DOI:10.1007/s10021-011-9517-8

generar un número índice que mide la productividad con que se usa el agua en la producción, ya que se estaría midiendo con las unidades de producto "Q" obtenidas por unidad de volumen "V" de agua usada en la producción.

De esta manera con base en lo anterior, Rios y colaboradores (2015[15], 2016[16], 2018[17]), determinaron que la HH puede ser medida mediante un índice de eficiencia (HH = V/Q) o bien mediante un índice de productividad (HH=Q/V), que si bien se usan las mismas dos variables independientes, la connotación de cada índice es diferente, ya que el primero evalúa cuánta agua se usa por unidad de un bien, por ejemplo, 700 litros de agua por kg de manzana, mientras que el segundo índice estaría determinando cuan productiva es el agua, en este caso 1.4285 kg por m^3 de agua[18].

Es necesario señalar que "Q" puede asumir tres formas:

1) *Física* (en toneladas, kg, libras, etc.)

---

[15] **Rios- Flores., J. Luis, Torres M., Miriam, Castro F., Rafael, Torres M., M.A. Ruiz T. José. 2015 a**. Determinación de la huella hídrica azul en los cultivos forrajeros del DR-017 Comarca Lagunera, México. Rev. FCA UNCUYO, 2015. 47(1): 101-122, ISSN impreso 0370-4661. ISSN (en línea) 1853-8665, pp.93-107. Mendoza, Argentina

[16] **Rios-Flores, José Luis, Torres M. M. y Torres M., M. A. (2016 a)**. Productividad agrícola del agua en nogal pecanero del norte de México. Casos: Comarca Lagunera y Delicias, Chihuahua. ISBN978-3-639-80166-8. Editorial Académica Española. Saarbrucken, Alemania.

[17] **Ríos-Flores, José Luis, Rios Arredondo, Becky Elizabeth, Cantú Brito, Jesús Enrique, Rios Arredondo, Hebrián Efraín, Armendáriz Erives, Sigifredo, Chávez Rivero, José Antonio, Navarrete Molina, Cayetano & Castro Franco, Rafael. (2018)**. Análisis de la eficiencia física, económica y social del agua en espárrago (*Asparagus officinalis L.*) y uva (*Vitis* vinífera) mesa del DR-037 Altar-Pitiquito-Caborca, Sonora, México 2018. *Revista de la Facultad de Ciencias Agrarias. Universidad Nacional de Cuyo,* 50(2). ISSN impreso 0370-4661, ISSN (en línea) 1853-8665. Mendoza, Argentina.

[18] 1 kg por 1 m^3 dividido entre 0.7 m^3 = 1.4285 kg m^{-3}

2) ***Económica*** (en unidades monetarias de ingreso o de ganancia)

3) ***Social*** (cantidad de empleos generados)

Así, con base en lo anterior, Ríos y colaboradores, 2015 *Op. Cit.*, 2016 *Op. Cit.* y 2018 *Op. Cit. Determinaron los siguientes dos modelos generales* para estimar la HH mediante índices o bien de productividad o bien de la eficiencia con que se utiliza el agua en la producción:

$$\text{Pr } oductividad = \frac{cantidad \ de \ producto \ "Q" \ (físico, económico \ o \ social)}{volumen \ "V" \ de \ agua \ usado \ en \ la \ producción} \qquad \textbf{Ecuación 1.}$$

$$Eficiencia = \frac{volumen \ "V" \ de \ agua \ usado \ en \ la \ producción}{cantidad \ de \ producto \ "Q" \ (físico, económico \ o \ social)} \qquad \textbf{Ecuación 2.}$$

De esta forma, las ecuaciones 1 y 2, al expresar de manera concreta a "Q" en unidades físicas, o económicas o sociales, generarán las seis ecuaciones señaladas en el cuadro 6 del apartado de materiales y métodos, donde se tendrán tres ecuaciones de Productividad física, económica y social del agua (PFA, PEA y PSA respectivamente) lo mismo que tres ecuaciones de eficiencia física, económica y social del agua (EFA, EEA y ESA respectivamente).

3.3.1 La productividad y eficiencia *física* del agua utilizada en la producción.

El cuadro 5 contiene los índices de la huella hídrica física, económica y social en diferentes productos agropecuarios, principalmente del estado de Chihuahua, aunque también se señalan para otras dos regiones geográficas. Es presentada mediante indicadores tanto de ***eficiencia*** del agua usada en la producción (como m^3 / kg, m^3 / USD de ganancia y m^3 / empleo para la eficiencia física del agua "EFA", eficiencia económica del agua "EEA" y eficiencia social del agua "ESA" respectivamente) como de ***productividad*** del agua usada en la producción (como kg / m^3, USD de ganancia / m^3 y Empleos / hm^3, para la productividad física del agua "PFA", para la productividad económica del agua "PEA" y para la productividad social del agua "PSA" respectivamente).

Cuadro 5: Huella hídrica mediante índices de productividad y eficiencia del agua usada en la producción de algunos productos agropecuarios. En azul y rojo los productos de mínima y máxima productividad y eficiencia. Marrón para PFA y EFA, amarillo para PEA y EEA y verde para PSA y ESA

Cultivo	Loción	Fuente	HH mediante indice de Productividad del agua			HH mediante indice de Eficiencia del agua		
			PFA (kg/ m³)	PEA (USD/m³)	PSA (Empleos/ hm³)	EFA (m³ /kg)	EEA (m³ /USD de ganancia	ESA (m³/Emple o)
Manzana MT (todas las variedades)	Chihuahua	Gamboa, Rios y Ros, 2022	2.28	$ 0.620	34	0.439	1.613	29,412
Nogal MT	Chihuahua	Gamboa *et al, 2022*	0.15	$ 0.130	9	6.667	7.692	111,111
Granada	Chihuahua	Rios, Hernández y Azpilcueta, 2022	1.61	$ 0.903	40.8	0.621	1.108	24,510
Cacahuate	Chihuahua	Amaya, Rios y Chávez, 2021	0.732	$ 0.187	18.9	1.366	5.361	52,910
Zarzamora	Michoacán	Rios, Hernández y Chávez, 2021	1.44	$ 2.170	111.46	0.694	0.461	8,972
Fresa	Michoacán	Rios, Hernández y Chávez, 2021	8.17	$ 3.590	77.42	0.122	0.279	12,917
Leche bovina	Chihuahua	Rios, Rios y Rios, 2019	0.213 Litros de leche/ m³= 0.220 kg de leche/m³	$ 0.005		4.545	222.222	
Algodón	Chihuahua	Rios, Pizarro y Galván, 2021	0.358	$ 0.057	11.63	2.790	17.536	85,985
Sandía	La Laguna, México	Armendáriz, Rios y Rodríguez, 2021	14.39	$ 0.560	58	0.069	1.786	17,241

Fuente: Elaboración propia, con base en las cifras reportadas por los autores. Nota: en el caso de la PEA, algunos autores reprtaron USD de ganancia por hm³ de agua, se estandarizó a USD por m³ tras dividirle entre un millón.

De esa fuente, el cuadro 5, se observa que el índice de PFA (en kg / m^3) oscila notoriamente dependiendo del producto, variando desde la menor PFA con 0.15 kg /m^3 en el caso de la nuez MT (mediano uso de tecnología) producida en el estado de Chihuahua de acuerdo con Gamboa, Rios y Rios (2022)[19] hasta el cultivo de mayor PFA con un índice de 14.39 kg /m^3 en la sandía producida en La Laguna, México de acuerdo con Armendáriz, Rios y Rodríguez (2012)[20], observándose que el segundo y tercer lugar, dentro de los más productivos en términos físicos al usar el agua en la producción, estuvieron en segundo lugar la fresa de Michoacán con 8.17 kg / m^3 de acuerdo con Rios, Hernández y Chávez (2021), y en tercer lugar la manzana MT, en general, es decir sin dividir la producción entre las diferentes variedades de manzana que en Chihuahua se producen, con un índice de 2.28 kg /m^3 de acuerdo con Gamboa, Rios y Rios (2022, *Op. Cit).*

De entre los menos productivos, de acuerdo con el cuadro 5, después de la nuez ya señalada, se ubicaron la leche bovina de Chihuahua con 0.220 kg /m^3 determinado por Rios, Rios y Rios (2019)[21], y el algodón de Chihuahua con un índice de 0.358 kg / m^3 de

---

[19] **Gamboa, Narvaéz Mirella; Rios-Flores, Jose Luis; Rios-Arredondo Becky Elizabeth. 2022**. Eficienca y productividad del agua usada en la producción de nogal pecanero (*Carya illinoensis*) versus manzana (*Malus domestica*) en Chihuahua, México. Editorial Académica Española. ISBN 978603887532. Berlín, Alemania.
[20] **Armandáriz, Erives Sigifredo; Rios-Flores, J. Luis; Rodríguez Santiago Yesenia. 2021**. Rentabilité et utilisation de l´eau dans la culture de la pastèque (*Citrillus lanatus L.*) goutte à goutte à La Laguna, Mexique. EDITIONS NOTRE SAVOR. ISBN 9786203473803. Riga, Letonia
[21] **Rios-Flores, José Luis; Rios-Arredondo, Becky Elizabeth y Rios-Arredondo, Hebrián Efraín. 2019**. Huellas hídricas física y económica de la leche bovina de Delicias, Chihuahua, México. Editorial Académica Española. ISBN 9786200025180. Berlín, Alemania.

acuerdo con Rios, Pizarro y Galván (2021)[22], e intermedios a esos extremos de mínima y máxima productividad del agua quedaron los cultivos, todos del estado de Chihuahua: granada (1.61 kg / m^3, de acuerdo con Rios, Hernández y Azpilcueta, 2022), zarzamora (1.44 kg / m^3, de acuerdo con Rios, Hernández y Chávez. 2021 *Op. Cit.*)[23] y el cacahuate (0.732 kg / m^3, de acuerdo con Amaya, Rios y Chávez, 2021)[24]

Al ser la inversa del índice de productividad física del agua, la eficiencia física del agua (en m^3 / kg) señalan el mismo orden señalado arriba para los extremos de mínima y máxima PFA, así, los cultivos de mínima y máxima eficiencia del agua usada en la producción, fueron los ya arriba señalados el nogal MT (producida en condiciones de mediano uso de tecnología "MT) de Chihuahua y la sandía de La Laguna, con índices de EFA del orden de 0.069 m^3/kg y 6.667 m^3 /kg respectivamente. Es decir, producir un kg de biomasa requirió solamente 69 litros de agua en el caso de la sandía, mientras que ese mismo kg de biomasa, pero bajo la forma de nuez MT de Chihuahua, demandó 6,667 litros de agua. Intermedios a ellos quedaron los restantes cultivos señalados en el cuadro 5.

---

[22] **Rios-Flores, José Luis; Pizarro, Quezada Alejandro y Galván, Cervantes Raúl V. 2021**.Wassersparende landwirtschaftliche Muster mit Hilfe des Wasser-Fußabdrucks fall von DR005 Delicias, Chihuahua. Verlag Unser Wissen ISBN9786204117300. Berlín, Alemania
[23] **Rios-Flores, José Luis; Hernández, Ibarra Gonzalo y Chávez, Rivero José Antonio. 2021.** Economic productivity of water in Blackberry (*Rubus spp. L.*) and strawberry (*Fragaria vesca L.*): The case of Irrigation District 061 in Zamora. OUR KNOWLEDGE PUBLISHING. ISBN9786203189537. Berlín, Alemania
[24] **Amaya, Lona Victor Manuel; Rios-Flores, José Luis y Chávez, Rivero José Antonio. 2021.** Efectywnosc wykorzystania wody w produkcji orzeszków ziemnuch (*Arachis hipogaea L.*) w Chihuahua. WYDAWNICTWO NASZA WIEDZA. ISBN 9786203316445 Riga, Letonia.

3.3.2 La productividad y eficiencia *económica* del agua utilizada en la producción.

El cuadro 6, en su parte dedicada a la productividad y eficiencia económicas del agua usada en la producción es reflejada en la variables PEA (productividad económica del agua) y EEA (eficiencia económica del agua), medida la primera, la PEA, mediante las unidades USD de ganancia/m^3, abreviada como USD/m^3, y la segunda, la EEA, medida mediante las unidades de como m^3/USD.

En cuanto a la productividad del agua, en una primera vista, se observa que no se tuvo el mismo orden que en la productividad física del agua, pues los extremos de mínima y máxima PEA no fueron los mismos cultivos, ya que en la PFA los cultivos de mínima y máxima PFA fueron la nuez MT de Chihuahua y la sandía de La Laguna respectivamente, mientras que en la PEA los cultivos de mínima y máxima PEA fueron la leche bovina de Delicias[25], Chihuahua y el cultivo de la fresa de Michoacán[26] respectivamente, ya que sus números índice así lo demuestran: 0.005 y 3.590 USD/m^3 respectivamente (ver cuadro 5)

Los restantes cultivos quedaron con índices de PEA intermedios a los índices señaladas para la leche bovina y la fresa en el párrafo anterior, de esa forma, partiendo del segundo cultivo de mínima PEA al segundo con máxima PEA, se tuvieron lo cultivos de algodón (con 0.057 USD/m^3)[27], nuez pecanera[28] (con 0.130 USD/m^3), cacahuate[29]

[25] **Rios-Flores, José Luis; Rios-Arredondo, Becky Elizabeth y Rios-Arredondo, Hebrián Efraín. 2019.** *Op. Cit.*
[26] **Rios-Flores, José Luis; Hernández, Ibarra Gonzalo y Chávez, Rivero José Antonio. 2021.** *Op. Cit.*
[27] **Rios-Flores, José Luis; Pizarro, Quezada Alejandro y Galván, Cervantes Raúl V. 2021.** *Op. Cit.*

(con 0.187 USD/m^3), sandía[30] (con 0.560 USD/m^3), granada[31] (con 0.903 USD/m^3), la manzana genérica MT[32] (no separada por variedades, con 0.620 USD/m^3), y la zarzamora[33] fue el segundo cultivo con una mayor PEA con 2.170 USD/m^3

Analizando ahora la EEA (eficiencia económica del agua), por ser la función de eficiencia una función inversa de la función de productividad, necesariamente, se tuvo el mismo orden de cultivos con mínima y máxima productividad económica señalado dos párrafos atrás: es decir, en la EEA los productos de mínima y máxima PEA fueron la leche bovina de Delicias[34], Chihuahua y el cultivo de la fresa de Michoacán[35] respectivamente, ya que sus números índice de EEA así lo demuestran: 222.222 y 0.279 m^3 / USD e ganancia respectivamente. Se denota una diferencia muy notoria, visto en litros de agua por dólar de ganancia, desde 222,222 litros de agua invertidos para producir un dólar norteamericano de ganancia en la producción de leche bovina hasta solamente 279 litros de agua en el caso de la fresa, es decir, producir un dólar de ganancia en la producción de leche bovina tiene un costo en cuanto a la inversión de

---

[28] *Gamboa, Narváez Mirella; Rios-Flores, Jose Luis; Rios-Arredondo Becky Elizabeth. 2022. Op. Cit.*

[29] **Amaya, Lona Victor Manuel; Rios-Flores, José Luis y Chávez, Rivero José Antonio. 2021..** **Op. Cit.**

[30] **Armandáriz, Erives Sigifredo; Rios-Flores, J. Luis; Rodríguez Santiago Yesenia. 2021..** Op. Cit.

[31] **Rios-Flores José Luis, Hernández Ibarra Gonzalo y Azpilcueta Ruiz-Esparza Manuel De Jesus. 2021.** Economia agricolo.ambientale dell'acqua utilizzata sulla produzione commerciale di melograno (*Punica granatum L.*) EDIZIONI SAPIENZA. ISBN 9786205168288. Berlino, Germania.

[32] *Gamboa, Narváez Mirella; Rios-Flores, Jose Luis; Rios-Arredondo Becky Elizabeth. 2022. Op. Cit.*

[33] **Rios-Flores, José Luis; Hernández, Ibarra Gonzalo y Chávez, Rivero José Antonio. 2021.** *Op. Cit.*

[34] **Rios-Flores, José Luis; Rios-Arredondo, Becky Elizabeth y Rios-Arredondo, Hebrián Efraín. 2019.** *Op. Cit.*

[35] **Rios-Flores, José Luis; Hernández, Ibarra Gonzalo y Chávez, Rivero José Antonio. 2021.** *Op. Cit.*

agua usada en la producción igual a 798 veces el mismo volumen de agua usado por el cultivo de fresa (ver cuadro 5)

Los demás cultivos del cuadro 5 manifestaron tener una EEA intermedia a esos señalados de mínima (la leche bovina) y máxima (la fresa) EEA, ya que tuvieron índices de EEA intermedios a los índices señaladas para la leche bovina y la fresa, siguiendo la misma lógica descriptiva usada en el análisis de los cultivos de PEA intermedia, partiendo del segundo cultivo de mínima EEA al segundo con máxima EEA, se tuvieron lo cultivos de algodón[36] (con 17.536 m^3/USD de ganancia), nuez pecanera[37] (con 7.692 m^3/USD de ganancia), cacahuate[38] (con 5.361 m^3/USD de ganancia), sandía[39] (con 1.786 m^3/USD de ganancia), la manzana genérica MT[40] (no separada por variedades, con 1.613 m^3/USD de ganancia), granada[41] (con 1.108 m^3/USD de ganancia), y la zarzamora[42] fue el segundo cultivo con una mayor EEA con 0.461m^3/USD de ganancia

---

[36] **Rios-Flores, José Luis; Pizarro, Quezada Alejandro y Galván, Cervantes Raúl V. 2021.** *Op. Cit.*

[37] ***Gamboa, Narvaéz Mirella; Rios-Flores, Jose Luis; Rios-Arredondo Becky Elizabeth. 2022.*** *Op. Cit.*

[38] **Amaya, Lona Victor Manuel; Rios-Flores, José Luis y Chávez, Rivero José Antonio. 2021..** *Op. Cit.*

[39] **Armandáriz, Erives Sigifredo; Rios-Flores, J. Luis; Rodríguez Santiago Yesenia. 2021..** Op. Cit.

[40] ***Gamboa, Narvaéz Mirella; Rios-Flores, Jose Luis; Rios-Arredondo Becky Elizabeth. 2022.*** *Op. Cit.*

[41] **Rios-Flores José Luis, Hernández Ibarra Gonzalo y Azpilcueta Ruiz-Esparza Manuel De Jesus. 2021.** *Op. Cit.*

[42] **Rios-Flores, José Luis; Hernández, Ibarra Gonzalo y Chávez, Rivero José Antonio. 2021.** *Op. Cit.*

3.3.3 La productividad y eficiencia *social* del agua utilizada en la producción.

Si bien de manera general, los productos extremos de mínima y máxima productividad fueron diferentes para ambos cultivos, el de mínima y el máxima productividad y eficiencia, visto ya a nivel particular, deteniéndose en la pregunta de si hubo un solo cultivo que concentrase la mínima productividad y eficiencia en sus tres vertientes, física, económica y social, se observa que la respuesta es el cultivo de nogal, basta ver que ese renglón es casi en su totalidad de color azul, se dice "casi" porque solamente en la productividad y eficiencia económica no fue el peor cultivo, pero en términos físicos fue el que más agua demanda para producir un kg de biomasa, en términos económicos, fue el que más agua usa para producir un USD de ganancia. No sucedió lo mismo en lo referente a si algún cultivo concentró el ser el mejor en términos físicos, económicos y sociales al usar el agua en la producción, pues fueron tres cultivos diferentes.

La productividad social del agua "PSA" usada en la producción agrícola, se dijo ya, fue medida en el cuadro 5, mediante los empleos generados asociados[43] al uso de un hectómetro cúbico de agua (es decir, un millón de metros cúbicos de agua, medida usual en grandes embalses de agua), abreviada como empleos /hm^3 , y la eficiencia social del agua "ESA" medida como la cantidad de metros cúbicos de

---

[43] El agua usada en la producción, *per se*, no genera empleo, sino que, al tener cada cultivo una demanda específica de agua a nivel comercial (ese volumen de agua es igual a la multiplicación de los 10 mil m^2 de una hectárea por la lámina de riego usual del cultivo a escala comercial) así como una demanda de trabajo (medida en jornadas por hectárea) específica, hace que el agua usada en la producción se asocie a la generación de cantidades de empleo diferentes en cada cultivo.

agua que se asociaron a la generación de un empleo, en el cuadro 5, señala que los cultivos del estado de Chihuahua, partiendo del cultivo de máximas PSA y ESA, y moviéndose en dirección al de mínimas PSA y ESA, tuvieron el siguiente orden: zarzamora (con 111.5 E/hm^3 y 8,972 m^3/empleo respectivamente la PSA y la ESA)[44] fresa (con 77.42 empleos /hm^3 y 12,972 m^3/empleo)[45], sandía (con 58 empleos/hm^3 y 17,241 m^3/empleo)[46], granada (con 408 empleos/hm^3 y 24,510 m^3/empleo)[47], manzana genérica MT (con 34 empleos /hm^3 y 29,412 m^3/empleo)[48], cacahuate (con 18.9 empleos/hm^3 y 52,910 m^3/empleo)[49], algodón (con 11.63 empleos/hm^3 y 85,985 m^3/empleo)[50] y nogal MT (con 9 empleos/hm^3 y 111,111 m^3/empleo)[51]

Cabe observar que en los tres tipos de eficiencia y productividad del agua, es decir, tanto en términos físicos, económicos y sociales, existe una notoria variación, lo que necesariamente podría generar la pregunta de porqué es que se suscita esa gran diferencia entre la productividad y eficiencia del agua utilizada en la producción, la respuesta está dada por las variables independientes "Q" y "V" de las ecuaciones 1 y 2.

Ya que en "Q" intervienen variables como el rendimiento físico "RF" por hectárea, el precio "p" por tonelada, el costo "C" por hectárea y finalmente la paridad cambiaria "PC", variables éstas que son muy

---

[44] **Rios, Hernández y Chávez, 2021.** *Op. Cit.*
[45] **Rios, Hernández y Chávez, 2021.** *Op. Cit.*
[46] **Armendáriz, Rios y Rodríguez, 2021.** *Op. Cit.*
[47] **Rios, Hernández y Azpilcueta, 2022**
[48] **Gamboa, Rios y Rios, 2022.** *Op. Cit.*
[49] **Amaya, Rios y Chávez, 2021. Op. Cit.**
[50] **Rios, Pizarro y Galván, 2021.**
[51] **Gamboa, Rios y Rios, 2022.** *Op. Cit.*

propias, muy inherentes a cada cultivo, basta señalar, solo a manera de ejemplo, que si un cultivo posee un RF "grande", digamos la alfalfa, con un RF de 80 ton/ha y otro posee un RF de solo 0.9 ton/ha, ello necesariamente repercutirá en la productividad física del agua, lo mismo con "p" y "C", más aún, supóngase que se está contrastando al mismo cultivo, supóngase tomate rojo, pero una está irrigada mediante agua rodada por gravedad y otra con riego de agua subterránea mediante riego por goteo, necesariamente aunque sea el mismo cultivo, tendrán diferente costo por hectárea, y posiblemente hasta diferente precio, ello necesariamente implicará una diferente eficiencia económica del agua usada en la producción, por otra parte, la variable "V", es decir el volumen de agua usado por hectárea, dependerá de la lámina de riego "LR", la cual es diferente en cada cultivo, por ejemplo, habrá algún cultivo cuya LR sea una columna de agua de 2.5 metros de altura mientras que a otro cultivo le baste una LR 0.5, más aún, aunque se tratase del mismo cultivo pero en diferente sistema de riego, si el riego es poco tecnificado con agua irrigada de alguna presa lejana mediante gravedad, posiblemente su índice de eficiencia de conducción de la red hidráulica "EC" conductora del agua sea bajo, digamos 0.5 (es decir, que de cada litro que se suelta en la presa al cultivo solo le llegará medio litro de esa agua, pues el resto "se perderá" por evaporación, por infiltración, etcétera, pero si la fuente de agua, la presa, estuviese cercana a la parcela, aunque fuese mediante gravedad, el que esté cercana hará que EC sea superior a 0.5, o más aún, si el cultivo fuese irrigado con agua subterránea mediante micro-goteo, habrá pocas pérdidas de agua y EC tenderá a la unidad, es decir, a aprovecharse todo el volumen de agua soltado de la fuente de agua para irrigar al cultivo.

IV.   MATERIALES Y MÉTODOS

4.1 Localización del área de estudio

Los principales tres estados productores de manzana en México analizados en este estudio, Chihuahua, Coahuila y Durango, se ubican al norte de los Estados Unidos Mexicanos, vistos como una sola zona geográfica conjunta, colindan con los Estados Unidos de Norteamérica al norte, al sur con los estados de Nayarit y Zacatecas, al Este con el estado de Nuevo León y al Oeste con los estados de Sonora y Sinaloa (ver figura 2).

Figura 2: Ubicación geográfica de los principales tres estados productores de manzana en general y manzana variedad Red Delicious en particular, en México: Chihuahua, Coahuila y Durango.

Si bien los tres principales estados productores de manzana en México tienen diferencias climáticas, de suelo, vegetación, etcétera, en realidad tales diferencias no son tan marcadas, ya que los tres estados pertenecen a la región eco-geográfica denominada Desierto Chihuahuense, mismo que comprende parte del norte de México donde se ubican Chihuahua, Coahuila y Durango, así parte del sur del estado de Texas, en los E.U.A.

Los tres estados son regiones áridas, con escasa precipitación pluvial que oscila desde los 240 hasta los 600 mm anuales de lluvia, asimismo poseen sierras con clima frío, que es donde se enclava la producción de manzana, donde se pueden encontrar diversas especies de encinos, pinos y abetos.

En cuanto a los principales municipios productores de manzana variedad Red Delicious en los tres estados analizado, lo constituyen los municipios de Cuauhtémoc, en Chihuahua, de Arteaga, en Coahuila y de Canatlán, en el estado de Durango.

4.2 Modelos matemáticos utilizados en el cálculo de la huella hídrica física, económica y social y las fuentes con que fueron alimentados

La huella hídrica en sus formas física, económica y social, será estimada mediante los modelos matemáticas señaladas en el cuadro 6, fuente donde aparecen las ecuaciones que permiten estimar la productividad física (PFA), económica (PEA) y social (PSA) del agua usada en la producción, así como también las ecuaciones inversas, que devienen en las funciones matemáticas que permiten calcular la eficiencia física (EFA), económica (EEA) y social (ESA) del agua utilizada en la producción. Estos modelos generados por Ríos *et al* (2015 *Op. Cit.*, 2017 *Op. Cit.* y 2018 *Op. Cit.*) han sido ampliamente utilizados en el cálculo de la eficiencia y productividad del agua en múltiples cultivos, así como en actividades ganaderas como la producción de leche.

El significado de cada una de las variables independientes de las que dependen la PFA, PEA, PSA (iniciales de Productividad Física, Económica y Social del Agua utilizada en la producción), EFA, EEA y ESA (iniciales de Eficiencia Física, Económica y Social del Agua utilizada en la producción), así como la fuente origen de donde fueron tomadas, son las siguientes:

RF_i = Rendimiento físico del i-ésimo cultivo (en ton ha^{-1}). Donde RF =VBP/P; las fuentes del VBP (valor Bruto de la Producción y S = superficie cosechada (en ha) tienen por fuente al SIAP-SADER (2023). "Cierre agrícola 2022". Disponible en https://nube.siap.gob.mx/cierreagricola/

LR_i = Lámina de riego del i-ésimo cultivo (en m). Fuente: INIFAP-INIFAP-CENID-RASPA, 2006[52]

EC_i = Eficiencia de conducción hidráulica del i-ésimo cultivo. 0 ‹ EC ‹ 1 (Fuente: INIFAP.CENID-RASPA, 2006 *Op. Cit.*).

---

[52] **INIFAP-CENID-RASPA. (2006).** *Programa Riego.* [Fecha de consulta: 1 de diciembre de 2023]. Disponible en: https://cenidraspa.org/serg/serg_v1.php

Si = Superficie cosechada del i-ésimo cultivo (en ha). Fuente: SIAP-SADER (2019). Fuente: SIAP-SADER (2023 *Op. Cit.*).

pi = Precio del producto del i-ésimo cultivo (en MX\$ ton^{-1}). Donde pi= VBPi/Pi, las fuentes del VBP (Valor Bruto de la Producción y P = producción física anual (en toneladas) tienen por fuente al SIAP-SADER (2023 *Op. Cit.*). PC = Paridad cambiaria, pesos mexicanos (MX\$) por cada USD. Fuente: Conversor de divisas: disponible en: https://www.xe.com/es/currencyconverter/convert/?Amount=1&From=USD&To=MXN

Ci = Costo de producción por hectárea del i-ésimo cultivo (en MX\$$^{-1}$). Fuente: FIRA (2023, "Agrocostos", disponible en: https://www.fira.gob.mx/Nd/Agrocostos.jsp)

Cuadro 6: Modelos matemáticos utilizados para la medición de la productividad física (PFA), económica (PEA) y social (PSA) del agua usada en la producción.

Variable	Modelo para un cultivo en lo individual	Modelo para un agregado grupal de cultivos
1) EFA (en L kg^{-1})	$Y = 10^4 * LRi * (RFi * ECi)^{-1}$	$y = \dfrac{10^4 \sum\limits_{i=1}^{n} S_i\ LR_i\ (EC_i)^{-1}}{\sum\limits_{i=1}^{n} S_i\ RF_i}$
2) PFA (kg m^3)	$Y = 10^{-1} * RFi * ECi * LRi^{-1}$	$y = \dfrac{10^{-1} \sum\limits_{i=1}^{n} S_i\ RF_i}{\sum\limits_{i=1}^{n} S_i\ LR_i\ (EC_i)^{-1}}$
3) EEA (m^3 USD de ganancia^{-1})	$y = \dfrac{10^4 \left(LR_i / EC_i \right)}{RF_i \left(p_i / PC \right) - \left(C_i / PC \right)}$	$y = \dfrac{10^4 \sum\limits_{i=1}^{n} S_i\ LR_i\ (EC_i)^{-1}}{\sum\limits_{i=1}^{n} S_i\ ((RF_i\ p_i - C_i) / PC)}$
4) PEA (miles de USD de ganancia hm^{-3})	$y = 10^2 g_i EC_i (LR_i)^{-1}$	$y = \dfrac{10^2 \sum\limits_{i=1}^{n} S_i\ g_i}{\sum\limits_{i=1}^{n} S_i\ LR_i\ (EC_i)^{-1}}$
5) PSA (Empleos hm^{-3})	$y = \dfrac{25\ J_i}{72\ (LR_i / EC_i)}$	$y = \dfrac{25 \sum\limits_{i=1}^{n} S_i J_i}{72 \sum\limits_{i=1}^{n} S_i\ (LR_i / EC_i)}$

6) ESA (m³ empleo⁻¹)

$$y = \frac{2.88 * 10^6 \, LR_i}{J_i EC_i}$$

$$y = \left(2.88 * 10^6\right) \frac{\sum_{i=1}^{n} S_i (LR_i / EC_i)}{\sum_{i=1}^{n} S_i J_i}$$

Fuente: Elaboración propia, con base en los modelos matemáticos estimadores de la PFA, PEA, PSA, EFA, EEA y ESA para un cultivo en lo individual o para agregados de cultivos de Rios *et al* (2015 a) y Rios *et al* (2018)

gi= Ui = Ganancia por hectárea del i-ésimo cultivo (en US$ ha⁻¹)=RFi(pi/PC)-(Ci/PC).

Ji = Número de jornales invertidos por hectárea en el i-ésimo cultivo. Fuentes: FIRA (2022, "Agrocostos", disponible en:

https://www.fira.gob.mx/Nd/Agrocostos.jsp)

i = i-ésimo cultivo bajo una forma concreta de riego (bombeo, gravedad, riego por goteo, riego por aspersión, etc).

288 = Número de jornadas al año por trabajador = 6 jornadas de trabajo por semana, por 48 semanas al año.

4.3 Delimitación geográfica, y significado de abreviaturas

Los datos de superficie cosechada, producción "Q", VBP, rendimiento físico por hectárea "RF" y precio medio rural por tonelada del cultivo de manzana roja variedad Red Delicious, considerados en este estudio, provienen de SIAP-SADER,2023 (*Op. Cit.*).

B de M: Banco de México

m^3 :   metro cúbico

hm^3 = hectómetro cúbico= un millón de metros cúbicos

USD: Dólar norteamericano

MUSD: Millones de dólares norteamericanos

MX\$: Peso mexicano

VBP : Valor Bruto de la producción (en MX\$) = Q(PMR)

Q : Producción física anual (toneladas)

PMR: Precio Medio Rural (en MX\$ por tonelada)

RF: rendimiento físico por hectárea (en ton ha^{-1})

RB/C: Relación Beneficio-Costo (= ingreso por hectárea/coste por hectárea)

PFA = Productividad física del agua usada en la producción

EFA = Eficiencia física del agua del agua usada en la producción

PEA = Productividad económica del agua usada en la producción

EEA = Eficiencia económica del agua del agua usada en la producción

PSA = productividad social del agua usada en la producción

ESA = Eficiencia social del agua usada en la producción

V. RESULTADOS Y DISCUSIÓN.

5.1 Resultados: rentabilidad y productividad y eficiencia del agua usada en la producción de manzana *(Malus domestica)* Red Delicious en los estados de Durango, Coahuila y Chihuahua, México en 2022.

Con base en el cuadro 7, fuente que señala los costos de mantenimiento de una hectárea de manzano Red Delicious en producción, en los estados de Durango, Chihuahua y Coahuila en 2022, registra tres tipos de costos, el primero, más no el más importante, es el costo monetario, el segundo es el costo que señala la cantidad invertida de trabajo tanto en jornales por hectárea como en empleos equivalentes por hectárea, y el tercer costo, consideramos el más importante, el costo en agua, es decir, cuánta agua tuvo que usarse a nivel comercial para llevar a cabo la producción.

De esa forma, se observa que el costo monetario total de producción por hectárea del cultivo fue de MX$ 95,152ha (equivalente a USD 5,556.51/ha) en Durango, MX$ 219,681/ha (equivalente a USD 12,824.45/ha) en Chihuahua y MX$ 362,094 (equivalente a USD 21,144.79/ha) en Coahuila, correspondiéndole al rubro del riego, el concepto de costo más importante dada la naturaleza de este estudio, un costo de MX$ 4,410/ha en Durango, MX$ 13,533/ha en Chihuahua y MX$ 10,080 /ha en Coahuila.

El segundo tipo de coste señalado es el de la inversión de trabajo. Cabe aquí recordar que de acuerdo con Marx (1982)[53] la cantidad de trabajo socialmente necesario invertido en una mercancía, es lo que permite su equiparación e intercambio, asimismo, de acuerdo con la teoría del valor de David Ricardo (1982)[54] una región, una nación, tenderá a la especialización y por tanto, a tener ventajas comparativas en el comercio internacional, cuando su mercancía, en comparación de otras mercancías semejantes o dispares, goza de una más pequeña inversión de trabajo por unidad. Así, el cuadro 7 muestra que en las manzana s de Durango se invirtieron 35 jornales, mientras que en Chihuahua y Coahuila se invirtieron 138.96 y 198 días de trabajo, es decir 280, 1110.08 y 1584 horas de trabajo por hectárea; cantidades estas de trabajo que permitieron respectivamente obtener los RF (ton/ha) en las locaciones analizadas en este trabajo, señalados en el cuadro 8 del orden de 1.355 ton/ha de Canatlán, Durango, las 23.344 ton/ha de Cuauhtémoc, Chihuahua y las 8.100 ton/ha de Arteaga, Coahuila, así, es fácil obtener el índice de productividad del trabajo para la manzana Red Delicious de Durango, Chihuahua y Coahuila: 206.7, 137.0 y 67.9 horas/ton respectivamente.

El tercer rubro de costo señalado, considerado por nosotros el más importante, es el del volumen de agua invertido en la producción a escala comercial. Así, el cuadro 7 muestra que en Durango, Chihuahua y Coahuila, respectivamente, fue necesario invertir en la producción por hectárea un total 8, 9 y 9 mil m^3 de agua/ha.

---

[53] Marx, Carlos. 1982. El Capital. Tomo I. FCE, México DF, 1982
[54] David Ricardo. 1959. Principios de Economía Política y Tributación. Fondo de Cultura Económica. Primera Edición en español. México, DF

Dentro del costo total cremastístico por hectárea, se señalan dos macro-componentes de costo: los costos de operación y Otros costos. Dentro del primero se consignan los rubros de Fertilización, Labores culturales, Riegos, Control de plagas y enfermedades, y Cosecha, selección y empaque, que en conjunto este grupo de rubros, el de costos de operación, representaron 80, 87 y 87% del costo total, mientras que los otros costos (renta del suelo, intereses financieros y depreciación de maquinaria y equipo) representaron el complemento faltante de 20,13 y 13 % respectivamente para Durango, Chihuahua y Coahuila. Ver cuadro 7.   El rubro de riego implicó 3, 9 y 9 riegos respectivamente en Durango, Chihuahua y Coahuila.

Cuadro 7: Costos de producción en mantenimiento por hectárea en manzana irrigada por bombeo tradicional en Durango y por goteo en Chihuahua y Coahuila

	Durango		Chihuahua		Coahuila	
I.- Costos de operación:						
	Costo/ha	Jornales/ha	Costo/ha	Jornales/ha	Costo/ha	Jornales/ha
Fertilización	20,788	8	34,831	1.5	39,618	9
Labores culturales	21,520	1	72,123	65.76	66,700	160
Riegos	4,410	3	13,533		10,080	9
Control de plagas, malezas y enfermedades	8,231	5	25,708	1.5	6,466	
Cosecha, selección y empaque	15,500	18	35,000	70	178,480	20
Diversos	5,700		3,200		10,000	
comercialización			7,000		50,750	
Subtotal:	76,149		191,395		362,094	198
Otros costos:						
Renta del suelo	10,000		10,000		3,000	
Costo financiero	6,719		12,544		41,005	
subtotal otros costos:	19,003		28,286		54,868	
TOTAL (MX$/ha)	95,152	35	219,681	139	416,962	198
TOTAL (USD/ha)	5,557		12,828		24,349	
costo del (MX$/ m³) de agua	0.55		1.50		1.12	
Volumen de agua (m³)usado por hectárea	8000		9000		9000	
Paridad peso dólar norteamericano	17.1245					
empleos/ha		0.12152778		0.48180556		0.6875

Fuente: Banco de México https://www.banxico.org.mx/tipcamb/main.do?page=tip&idioma=sp, fecha de cosnulta: 26 de noviembre, 2023

El cuadro 8 muestra la rentabilidad en la producción de manzana de riego, en general para todas las variedades, así como en lo particular para la variedad Red Delicious. El cuadro 8 señala en su parte superior los datos macroeconómicos de RF/ha, precio/ton e ingreso/ha de la manzana en general (todas las variedades, bajo riego y temporal, todo tipo de tecnología es decir producción a cielo abierto y agricultura protegida en malla sombra, invernadero y macro-túnel), denotándose que a nivel nacional el RF es de 14.721 ton/ha, siendo Chihuahua el estado productor de manzana con el mayor RF, del orden de 21.740 ton/ha, le sigue ya por debajo del promedio nacional el estado de Coahuila con 7.866 ton/ha y ya aún más lejos el estado de Durango, con 1,220 ton/ha. En cuanto al precio "p" promedio por tonelada, el nacional fue de MX$ 10,967, más no fue Chihuahua quien tuvo el mejor precio, con MX$ 11,237, el mejor precio lo tuvo Durango con MX$ 15,420, Coahuila por su parte tuvo un precio intermedio de MX$ 10,382. Así, en tanto el ingreso "I" por hectárea, como ecuación matemática es una variable dependiente de RF y de p, tal como se señala: $I = RF*p$, entonces es fácil comprender porque corresponde al estado de Chihuahua haber sido el estado con un mayor ingreso por hectárea, de MX$ 244,304, superior al promedio nacional de MX$ 161,449/ha, ya que si bien no gozó del mejor precio/ton, su muy elevada productividad física, 21,740 ton/ha, le permitió gozar de ese elevado ingreso/ha, lo contrario fue el estado de Durango, que si bien gozó del mejor precio (MX$ 15,420/ton), éste no alcanzó a contrarrestar el efecto negativo de su bajo RF (1.220 ton/ha) por lo que su ingreso/ha fue el más bajo de los tres estados. Coahuila jugó una posición intermedia, de allí su ingreso de MX$ 81,672/ha intermedio a Chihuahua y Durango.

Cuadro 8: Rentabilidad en el cultivo de manzana Red Delicious en México

	Ton/ha	Precio (MX$/ton)	Ingreso (MX$)/ha	Costo (MX$)/ha	Ganancia (MX$)/ha	RB/C
I) Producción de manzana (todo tipo de tecnología, RIEGO + TEMPORAL, todas las variedades, mercado interio+mercado exterior)						
Nacional	14.721	$ 10,967	$ 161,449			
Durango	1.220	$ 15,420	$ 18,809			
Coahuila	7.866	$ 10,382	$ 81,672			
Chihuahua	21.740	$ 11,237	$ 244,304			
Los tres estados	17.432	$ 11,220	$ 195,585			
% de los 3 estados						
II) Producción de manzana (todo tipo de tecnología, RIEGO, TODAS LAS VARIEDADES, mercado interior y mercado exterior)						
Nacional	17.853	$ 11,251	$ 200,863			
Durango	1.240	$ 15,937	$ 19,755	$ 95,152	-$ 75,398	0.21
Coahuila	8.845	$ 11,110	$ 98,267	$ 416,962	-$ 318,695	0.24
Chihuahua	22.001	$ 11,241	$ 247,324	$ 219,681	$ 27,643	1.13
Los tres estados	18.288	$ 11,269	$ 206,092	$ 227,726	-$ 21,634	0.91
III) Producción de manzana (todo tipo de tecnología, RIEGO, VARIEDAD RED DELICIOUS, mercado interio+mercado exterior). A nivel ESTATAL						
Nacional	17.182	$ 12,129	$ 208,397			
Durango	1.261	$ 15,918	$ 20,068	$ 95,152	-$ 75,085	0.21
Coahuila	8.100	$ 10,812	$ 87,576	$ 416,962	-$ 329,386	0.21
Chihuahua	23.127	$ 12,109	$ 280,044	$ 219,681	$ 60,363	1.27
Los tres estados	17.439	$ 12,154	$ 211,947	$ 196,808	$ 15,138	1.08
IV) Producción de manzana (todo tipo de tecnología (CA=cielo abierto; AP=agricultura protegida), RIEGO, variedad RED DELICIOUS, mercado interio+mercado exterior). Producción convencional (no orgánica) A nivel de solo los tres principales municipios productores						
Canatlan, Durango CA	1.355	$ 16,000	$ 21,676	$ 95,152	-$ 73,477	0.23
Arteaga, Coahuila AP	8.100	$ 10,812	$ 87,576	$ 416,962	-$ 329,386	0.21
Cuauhtemoc, Chihuahua CA	23.334	$ 11,454	$ 267,272	$ 219,681	$ 47,591	1.22
Los tres municipios	16.393	$ 14,714	$ 189,170	$ 196,627	-$ 7,456	0.96

Fuente: Elaboración propia con base en cifras de los cuadros 3 y 5

Ahorrando el mismo análisis anterior para la parte II del cuadro 8, donde se presentan las cifras de la producción de manzana (todo tipo de tecnología, en riego, en todas las variedades, para mercado interior y mercado exterior) y señalando solamente su efecto en la rentabilidad, al observar las cifras de ingreso/ha y las de costo/ha, se tiene que Durango, con un ingreso/ha de MX$ 19,755 y un costo/ha de MX$ 95,152 tuvo una Relación Beneficio/Costo (RB/C) de solamente 0.21, es decir, solamente se recuperaron 21 centavos de cada peso invertido en ese tipo de producción de manzana en 2022, incurriéndose en una pérdida de 79 centavos de cada peso invertido, mientras que en Coahuila la situación no fue diferente, pues se invirtieron MX$ 416,692/ha pero solamente se tuvo un ingreso/ha de MX$ 98,267, es decir, se tuvo una RB/C de 0.24; solamente se recuperaron 24 centavos de cada peso invertido, la excepción, aparentemente buena, fue Chihuahua, donde la RB/C fue del orden de 1.13, es decir, se recuperó cada peso invertido más un excedente, bajo de forma de ganancia, de 13 centavos por cada peso invertido.

Y se dijo que fue aparentemente buena, pues si bien la RB/C fue mayor a la unidad y mayor a las de Coahuila y Durango, queda ahora ver cuán buena fue en relación a la tasa líder de rentabilidad del mercado: la tasa de CETES (Certificados de la Tesorería de la Federación), la cual fue en 2022 a nivel anualizado de un año, del orden de 11.20%[55], por tanto, sí tuvo una buena RB/C, más no tanto.

---

[55] **El País, 2023.** Cetes: el instrumento financiero que atrae ahorradores en tiempos de alta inflación en México. Fecha de última consulta 9 de febrero 2023. . Disponible en:

Aclaremos: los productores de esa esfera señalada de producción, con una RB/C de 1.13 enfrentaron todos los problemas concomitantes a la producción; sequía, lluvias extremas, no reunir las horas frio necesarias, plagas, huelgas de trabajadores, bajos precios, etcétera, y a cambio su recompensa fue una ganancia de 13 centavos por peso, apenas 1.9 unidades porcentuales arriba del CETES, es decir, de haber invertido su dinero en CETES, sin enfrentar riesgo alguno como os inherentes a la producción, habrían obtenido apenas 1.9 unidades porcentuales menos. Todo es cuestión de enfoque.

La parte III del cuadro 8 es para la producción de manzana Red Delicious bajo riego en todo tipo de tecnología, mercado interior y mercado exterior, se observa para Durango y Coahuila situación semejante a la señalada en el párrafo anterior, ya que la RB/C de Durango y Coahuila fue de 0.21 y 0.21 respectivamente, no así para la manzana Red Delicious de Chihuahua, donde la RB/C fue de 1,27 mejoró en mucho a la RBC de 1.13 señalada en el párrafo anterior, asimismo, estuvo no 1.9 sino 15.9 unidades porcentuales arriba de la tasa de CETES. El premio para el productor por asumir los riesgos de la producción fueron bien pagados por el mercado.

Finalmente, la parte inferior del cuadro 8, la parte IV, para la producción de manzana Red Delicious (bajo riego, en todo tipo de tecnología, con destino tanto al mercado interior como exterior) en los municipios productores más importantes de manzana Red Delicious de los tres estados señalados, siendo éstas locaciones los municipios de Canatlán en Durango, Cuauhtémoc en Chihuahua y Arteaga en Coahuila, muestra que la RB/C, en ese orden, fue de 0.23, 1.22 y 0.21, es decir, ni Canatlán ni Arteaga, como principales municipios productores de manzana Red Delicious mejoraron su rentabilidad, mientras que Cuauhtémoc disminuyó 5 puntos porcentuales su RB/C respecto del señalado en el párrafo anterior, aun así, se situó arriba de la tasa de CETES en casi 11 unidades porcentuales, no fue malo el premio al productor por asumir riesgos.

El cuadro 9 contiene finalmente, los indicadores de la huella hídrica "HH", objetivo de este trabajo. Verticalmente, el cuadro 9 está dividido en tres partes, la parte superior es para la HH física, que se ha medido como Y1 y Y2, la Y1 es la EFA, expresada en litros de agua usados por cada kg producido, y la Y2 es la PFA, expresada en kilogramos de manzana producidos por metro cúbico de agua utilizada en la producción, la segunda parte muestra la HH económica, evaluada como Y3 y Y4, la Y3 señala la EEA, expresada en m^3 de agua usados en la producción por cada USD de ganancia (si es positiva) o cada USD de pérdida (si es negativa) y la Y4 se expresó como la ganancia en USD (si es positiva) o pérdida (si es negativa) generada por m^3 de agua usada en la producción.

Cuadro 9 : Huella hídrica de la manzana Red Delicious en México, 2022

Variable y unidades en que se expresa	Manzana Red Delicious a nivel estatal				Manzana Red Delicious a		
	Durango (CA)	Coahuila (AP)	Chihuahua (CA)	Los tres estados	Canatlan	Arteaga	Cuauhtémoc
Huella Hídrica Física: EFA = Eficiencia Física del Agua; PFA = Productividad Física del Agua							
Y_1 = EFA = L/kg	6,346	1,111	389	541	5,905	1,111	386
Y_2 = PFA = kg/m^3	0.158	0.900	2.557	1.848	0.169	0.900	2.593
Huella Hídrica Económica: EEA = Eficiencia Económica del Agua; PEA = Productividad Económica del Agua							
Y_3 = EEA = m^3 de agua usada por cada USD de ganancia (si es positivo) o de pérdida (si es negativo)	- 1.82	- 0.47	2.55	- 39.73	- 1.86	- 0.47	3.24
Y_4 = PEA = ganancia (+) o pérdida (-) (en USD) por m^3 de agua usada	-$ 0.55	-$ 2.14	$ 0.39	-$ 0.03	-$ 0.54	-$ 2.14	$ 0.31
Huella Hídrica Social: ESA = Eficiencia Social del Agua; PSA = Productividad Social del Agua							
Y_5 = ESA = m^3 de agua usada por cada empleo generado	65,829	13,091	18,680	22,570	65,829	13,091	18,680
Y_6 = PSA = Empleos generados por hm^3	15.19	76.39	53.53	44.31	15.19	76.39	53.53

Fuente: Elaboración propia, con base en cifras de los cuadros 3, 7 y 8 partes III y IV. Nota: CA = producción a cielo abierto; AP = Producción mediante agricultura protegida. En Coahuila toda la producción de manzana Red Delicious fue a cielo abierto, y en Durango y Chihuahua y Durango fue bajo agricultura protegida

La parte inferior muestra la HH social, expresada como Y5 y Y6, la Y5 es la ESA, expresada como m^3 de agua usados en la producción asociados a la generación de un empleo equivalente, mientras que la

Y6 es la PSA, expresada como empleos equivalentes generados asociados al uso de un hm^3 de agua.

Es necesario remarcar que el agua en sí no genera empleo, pero al estar asociada a un cultivo bajo una forma específica de producción con diferente inversión de jornales por hectárea, se asociará por tanto, a una mayor o menor cantidad de empleo generado.

De esta forma, la HH Física del cuadro 9, en su forma de índice de eficiencia física del agua (EFA) muestra que a nivel estatal, Durango, Coahuila y Chihuahua, en ese orden, tuvieron índices de EFA iguales a 6346, 1111 y 389 Litros de agua usados en la producción por kg de manzana, observándose que solo Chihuahua se ubicó por debajo, casi a la mitad de los 700 litros por kg señalados por Mekonnen y Hoeksta (2010 *Op. Cit.*) como huella hídrica promedio mundial, observándose que por sus elevadas HH Físicas, Durango, sobre todo, y en menor medida Coahuila, difícilmente podrían competir en un mercado mundial cada vez informado y consciente del uso que se da a los recursos escasos como el agua, no así Chihuahua, cuya baja HH Física le brinda posibilidades de abrir nichos de mercado en el mundo para aquellos consumidores que usan su poder de compra para adquirir productos con baja HH. A nivel municipal no se observan diferencias notorias en la HH Física respecto de los promedios estatales señalados.

En lo referente a la HH Física medida como índice de productividad del agua, se observa del cuadro 9, que la PFA, la Y2, que a nivel estatal, para Durango, Coahuila y Chihuahua, en ese orden, fueron 0.158, 0.900 y 2.557 kg/m^3, lo cual es coherente con la EFA, en tanto la PFA es la inversa de la EFA. Remarcando que es necesario visualizar la HH de ambas formas, ya que tienen diferente connotación, pues una mide la cantidad de agua usada por unidad de producto, mientras que la otra señala a la cantidad que de producto se generó por unidad volumétrica de agua. De esta forma, se colige que fue Chihuahua donde se tuvo el uso más productivo del agua en términos físicos, pues cada metro cúbico de agua que se hubo usado en los estados, generó en Chihuahua 16 2 veces la cantidad de manzana producida por metro cúbico de agua en Durango y 2.89 veces la de Coahuila.

La parte intermedia del cuadro 9 muestra la HH Económica, bajo dos ángulos diferentes; la Y3 (EEA) y la Y4 (PEA). La EEA muestra que producir un dólar norteamericano de ganancia (si es positivo el indicador) o de pérdida (si es negativo) implicó usar 1.82 m^3 por USD de pérdida en Durango, 0.47 m^3 por USD de pérdida en Durango y 2.55 m^3 por USD de ganancia en Chihuahua. De nuevo Chihuahua resultó con una eficiente forma de usar el agua en términos económicos, pues su uso le permitió obtener ganancia en relación a la manzana Red Delicious de Durango y Chihuahua, donde se tuvo un uso no eficiente del agua en términos económicos, en tanto su uso generó pérdidas. En lo tocante a la PEA, se observa que al usar el mismo volumen de agua, un m^3, los tres estados tuvieron diferente productividad económica del agua, ya que mientras Chihuahua tuvo una PEA de USD 0.39 de ganancia por m^3, Durango y Coahuila incurrieron en pérdidas de USD 0.55 y USD 2.14 respectivamente. A nivel estatal producir un dólar de pérdida implicó usar 30.73 m de agua, y al usar un m^3 de agua se generaron USD 0.03 de pérdida.

A nivel municipal no se observan diferencias notorias para Durango y Coahuila, no así para Chihuahua, ya que Cuauhtémoc con 3.24 m^3 por USD de ganancia usó más agua que el promedio estatal (2.55 m^3 por USD de ganancia), asimismo con USD 0.31 de ganancia por m^3 de agua, tuvo una menor PEA que el promedio estatal de USD 0.39. Ver cuadro 9.

Finalmente, la parte inferior del cuadro 9, la Eficiencia Social del Agua, abreviada como ESA (la Y5), y la Productividad Social del Agua, abreviada como PSA (la Y6), muestra para la ESA, que para producir un empleo, se tuvieron que invertir 65 829, 13 091 y 18 680 m^3 de agua, es decir, ese fue el costo en agua por empleo generado, y visualizado como su inverso, el índice de PSA, medido como empleos por hm^3 de agua usada en la producción, muestra que al usar el mismo volumen de agua, un hm^3, tuvieron diferentes niveles de productividad social, ya que generaron 15.19, 76.39 y 53.53 empleos por hm^3 respectivamente, encontrando ahora que correspondió a Coahuila ser el estado con el mejor nivel de eficiencia y productividad del agua en términos sociales, lo cual se explica porque ese estado fue donde se usaron más días de trabajo, más horas de trabajo invertidas por hectárea, es decir, tecnológicamente está más atrasado que Chihuahua, donde se sustituye en mayor medida el trabajo humano mediante tecnificación de la producción.

5.2 Discusión

El resumen esquemático de las cifras de las PFA, PEA y PSA y las EFA, EEA y ESA citadas en la parte de revisión de literatura de este trabajo y que fueron analizados en el cuadro 5, donde aparecen sus índices en términos *absolutos*, son la parte inferior del cuadro 10 donde aparecen pero ya en términos *relativos*, es decir, son contrastadas en contra de los resultados obtenidos señalados en el cuadro 9, cuyas cifras aparecen en la parte superior del cuadro 10, de manera tal que las cifras del cuadro 10 provienen de dividir las cifras del cuadro 5 entre las de la manzana Red Delicious de Chihuahua, de forma tal que todo indicador así resultante, si es mayor a la unidad estará señalando que el cultivo que se compara en contra de la manzana Red Delicious de Chihuahua tiene una mayor productividad (física, económica o social, según sea el caso) del agua, por ejemplo, del cuadro 5 se observa que la granada de Chihuahua analizada por Rios, Hernández y Azpilcueta (2022, *Op. Cit.*) tuvo un índice de PEA de USD 0.903 de ganancia/m^3, por lo que al contrastarse en contra de los USD 0.39 de ganancia de la manzana Red Delicious de Chihuahua, se tuvo que: 0.903/0.39=2.30[56], es decir, la granada produce 130% (2.30 − 1.00=1.30=130%) **más** ganancia por m^3 de agua que la manzana Red Delicious de Chihuahua. Los que aparecen en color azul son precisamente aquellos cultivos con índices menores a la unidad, es decir, aquellos cultivos en los que la manzana Red Delicious es más productiva al usar el agua.

---

[56] El Excel utilizado para obtener cada uno de los cuadros, como en este caso el cuadro 10, cierra cifras decimales. Por ello es que al efectuar el cociente señalado de 0.903/0.39 en realidad arroja 2.315 y no 2.30 como el señalado en el cuadro 10, así 0.903 y 0.39 son cifras que el Excel cerró

Cuadro 10: Discusión: Contraste entre los indices de productividad del agua de la manzana Red Delicious de Chihuahua y otros cultivos. En azul indica que la manzana Red Delicious es más productiva al usar el agua que ese producto en contra el cual se compara

Cultivo	Locación	Fuente	PFA (kg/ m³)	PEA (USD/	PSA (Empleos/hm³)
Manzana Red Delicious **Chihuahua (tér**		Esta obra	**2.557** $	0.39	53.53
Manzana Red Delicious **Chihuahua = 1.C**		Esta obra	**1.00**	**1.00**	**1.00**
Contraste de los índices de la manzana Red Delicious de los tres principales estados productores/ otros cultivos					
Manzana MT (todas las	Chihuahua	Gamboa, Rios y Ros, 2022	0.892	1.58	0.64
Nogal MT	Chihuahua	Gamboa et al, 2022	0.059	0.33	0.17
Granada	Chihuahua	Rios, Hernández y Azpilcueta, 2022	0.630	2.30	0.76
Cacahuate	Chihuahua	Amaya, Rios y Chávez, 2021	0.286	0.48	0.35
Zarzamora	Michoacán	Rios, Hernández y Chávez, 2021	0.563	5.54	2.08
Fresa	Michoacán	Rios, Hernández y Chávez, 2021	3.195	9.17	1.45
Leche bovina	Chihuahua	Rios, Rios y Rios, 2019		0.01	
Algodón	Chihuahua	Rios, Pizarro y Galván, 2021	0.140	0.15	0.22
Sandía	La Laguna, Méxi	Armendáriz, Rios y Rodríguez, 2021	5.627	1.43	1.08

Fuente: Elaboración propia, con base en los cuadros 4 y 7

Con base en lo anterior, es de observarse que en el cuadro 10 aparecen señalados en color azul los índices la productividad física menor a la de la manzana Red Delicious de Chihuahua los cultivos de manzana MT (MT=producida en condiciones de Mediano Uso de Tecnología) de Chihuahua (con 0.892), el nogal pecanero de Chihuahua (con 0.059), la granada de Chihuahua (con 0.630), el cacahuate (con 0.286).

En similar situación se observa a los cultivos de zarzamora de Chihuahua (con 0.563), y el algodón de Chihuahua (con 0.140); todos estos cultivos tuvieron una menor PFA que la manzana Red Delicious, con índices que señalan que el nogal fue el de menor PFA relativa, pues con su índice de 0.059 ya señalado, sugiere que cuando usa el mismo m^3 de agua que en la manzana Red Delicious produce 2.557 kg de biomasa, generará solamente el 5.9% de esa cantidad de biomasa, y el que más se acercó a la PFA de la manzana Red Delicious de Chihuahua fue la manzana (todas las variedades) producida en MT con 0.892, que sugiere que ese cultivo produce el 89.2% de la biomasa producida por la manzana Red Delicious cuando usan ambos cultivos el mismo volumen de agua.

Los cultivos que gozaron de una mayor PFA que la manzana Red Delicious de Chihuahua fueron la fresa de Michoacán y la sandía producida en La Laguna, cuyos índices iguales a 3.195 y 5.627 sugieren que cuando esos cultivos usan en la producción el mismo volumen de agua usado por la manzana Red Delicious de Chihuahua, producirán 219.5% (=3.195 − 1=2.295) y 462.7% (=5.627 − 1 = 4.627) más biomasa. Ver cuadro 10.

Los cultivos que tuvieron una mayor PEA que la manzana Red Delicious de Chihuahua, fueron la manzana MT de Chihuahua (con 1.58), la granada de Chihuahua (con 2.30), la zarzamora y la fresa de Michoacán (con 5.54 y 9.19) y la sandía de La Laguna (con 1.43), observándose que en el caso de la manzana MT de Chihuahua se produce un 58% más ganancia al usar la misma unidad volumétrica de agua usada por la manzana Red Delicious de Chihuahua, mientras que el caso de mayor PEA relativa fue la fresa con 9.17, es decir, cuando usa el mismo volumen de agua usada por la manzana Red Delicious producirá 8.17 veces *más* ganancia o lo que es lo mismo, producirá una masa de ganancia igual a 9.17 veces el tamaño de la ganancia de la manzana Red Delicious de Chihuahua. Ver cuadro 10

En cuanto a la PSA relativa, el cuadro 10 muestra en color azul, a aquellos cultivos con una menor PSA que la manzana Red Delicious de Chihuahua. Así cuando estos cultivos usan el mismo volumen de agua usado por la manzana parámetro de comparación analizada en este trabajo, generarán menos de los 53.33 empleos generados por el parámetro, fue el caso de la manzana MT y Nogal MT con 0.64 y 0.17, así como la granada con 0.76, el cacahuate con 0.35, y el algodón con 0.22. el que más se retiró de la PSA de la manzana Red Delicious de Chihuahua fue el nogal MT, ya que su índice, igual a 0.17, sugiere que cuando se usa el mismo volumen de agua en la producción al usado por la manzana Red Delicious, solamente se producirá el 17% del empleo que ese volumen de agua produciría en la manzana Red Delicious de Chihuahua, y el cultivo que más se le acercó sin superar a la manzana Red Delicious fue la granada con 0.76, lo que sugiere que cuando ambos cultivos usan el mismo volumen de agua, la granada producirá un volumen de empleo igual a solamente el 76% del producido por la manzana Red Delicious producido con ese volumen de agua. Solamente la zarzamora, la fresa de Michoacán y la sandía de La Laguna tuvieron una mayor PSA que la manzana Red Delicious de Chihuahua, ya que sus índices fueron 2.08, 1.45 y 1.08 respectivamente, los que sugieren que ante el uso de un mismo volumen de agua, producirán la zarzamora, fresa y Sandía 108% (=2.08 – 1=1.08), 45% (=1.45 – 1=0.45) y 8% (=1.08 – 1 =0.08) respectivamente **más empleo** que la manzana Red Delicious de Chihuahua.

VI CONCLUSIONES Y RECOMENDACIONES

6.1 Conclusiones

Se cumplió con los objetivos de determinar ***cuál es la cantidad de agua*** utilizada en la producción a escala comercial por cada kg de manzana Red Delicious, así como la cantidad de agua usada por cada USD de ganancia lo mismo que la cantidad de agua de agua asociada a la creación de un empleo en la producción de manzana Red Delicious en los estados de Durango, Chihuahua y Coahuila en el norte de México, asimismo se cumplió el objetivo de determinar ***la cantidad de agua*** utilizada en la producción a escala comercial por cada kg de producto físico, así como la cantidad de agua usada por cada USD de ganancia así como la cantidad de agua asociada a la creación de un empleo en la producción de manzana Red Delicious en los tres estados señalados al norte de México en el año agrícola 2022, se cumplió por tanto el objetivo planteado de determinar la huella hídrica en sus tres facetas: en términos físicos, en términos económicos y en términos sociales.

Con base en la metodología utilizada, basada en el uso de ecuaciones matemáticas que se alimentaron con datos a escala comercial del SIAP-SADER 2023 (cierre del ciclo agrícola 2022), y los resultados obtenidos con tal procedimiento metodológico, ***no se rechaza la primera hipótesis***, toda vez que solamente la manzana Red Delicious del estado de Chihuahua, México, con 389 L kg^{-1}, tuvo una menor HH física que el promedio mundial de 700 L kg-1 reportado por Mekonnen y Hoekstra (2010 *Op. Cit.*), Durango y Coahuila tuvieron una HH Física muy por arriba de la promedio mundial: 6,346 y 1,111 L kg^{-1} respectivamente.

Con base en la metodología utilizada, basada en el uso de ecuaciones matemáticas alimentadas con datos a escala comercial del SIAP-SADER 2023 (cierre del ciclo agrícola 2022), y los resultados obtenidos con tal procedimiento metodológico, ***no se rechaza la segunda hipótesis***, toda vez que solamente la manzana Red Delicious del estado de Chihuahua, México, con 2.55 m^3 por USD de ganancia y USD 0.39 de ganancia por m^3 tuvo una mayor eficiencia y productividad del agua que el promedio estatal de huella hídrica económica con los correspondientes indicadores de 39.73 m^3 por USD de pérdida y USD 0.33 de pérdida por m de agua usada en la producción. La manzana Red Delicious producida en Durango y Coahuila tuvo eficiencia y productividad económica del agua inferiores al promedio estatal, de hecho, incurrieron en pérdida por m^3.

Con base en la metodología utilizada, basada en el uso de ecuaciones matemáticas alimentadas con datos a escala comercial del SIAP-SADER 2023 (cierre del ciclo agrícola 2022), y los resultados obtenidos con tal procedimiento metodológico, ***se rechaza la tercera hipótesis***, toda vez que la ESA promedio estatal de la manzana Red Delicious fue de 22,570 m^3 Empleo^{-1} y la PSA fue igual a 44.31 Empleos m^{-3}, y tanto la ESA y PSA de Chihuahua (con 13,091 m^3 /Empleo y 76.39 Empleos/hm^3) y Coahuila (con 18,680 m^3 /Empleo y 53.53 Empleos/hm^3) se ubicaron por debajo del promedio estatal, no así Durango, que con 65,829 m^3/Empleo y 15.19 Empleos/hm^3 tuvo por tanto menores eficiencia y productividad social del agua utilizada en la producción.

6.2 Recomendaciones

El gobierno del estado de Chihuahua tiene una ventana de oportunidad en el comercio mundial de la manzana Red Delicious, ya que, al tener el agua usada en la producción de esta fruta, elevados índices de eficiencia y productividad física, económica y social en el agua que se usa en su producción, caracterizada por ejemplo, como ya se señaló, con una HH física equivalente a solo el 55% de la HH física promedio mundial (de 700 Litros/kg), por lo que se considera importante que se busquen las medidas necesarias para facilitar las exportaciones de esta manzana a países europeos, por ser los más conscientes en el comercio de productos de baja huella hídrica, de bajo impacto en el medio amiente por tanto.

Lo anterior se refuerza en tanto la manzana Red Delicious de Chihuahua, cuenta con una huella hídrica social muy favorable al tener una alta generación de empleos por volumen de agua usada en su producción. Se considera que este aspecto auxiliaría en mucho en la penetración de nichos de mercado de consumidores caracterizados por la adquisición de productos con alto beneficio social en su producción.

VIII LITERATURA CITADA

Amaya, L. V. M., Rios, F. J. L., Chávez, R. J. A. 2021. *Efectywnosc wykorzystania wody w produkcji orzeszków ziemnuch (Arachis hipogaea L.) w Chihuahua. WYDAWNICTWO NASZA WIEDZA. ISBN 9786203316445 Riga, Letonia.*

2000 Agro Revista industrial del agro, 2021. Disponible en: https://www.2000agro.com.mx/agroindustria/crecimiento-de-2-digitos-en-produccion-de-manzanas/

Armandáriz, E. S., Rios, F. J. L. Rodríguez, S. Y. 2021. Rentabilité et utilisation de l´eau dans la culture de la pastèque (*Citrillus lanatus L.*) goutte à goutte à La Laguna, Mexique. EDITIONS NOTRE SAVOR. ISBN 9786203473803. Riga, Letonia

Botanical-oline, 2023. Manzanas, fruta. Disponble en: https://www.botanical-online.com/botanica/manzano-caracteristicas#Caracteristicas de las manzanas

BUPA (British United Provident Association). 2023. Todos los beneficios de comer manzana. Disponible en

https://www.bupasalud.com/agentes/novedades/actualizaciones-2023

Cerdán, C. y Suárez, A. I.. 2020. Biodiversidad Centros de Origen. Disponible en: https://www.uv.mx/personal/asuarez/files/2020/05/Semana-5-Sesion-1-Centros-de-origen-2020.pdf

Chapagain, A. K. and Hoekstra A.Y. 2004. Water Footprints of Nations. Volume 1: Main Report.Research Report Series No. 16

DATA MEXICO, GOBIERNO DE MÉXICO, 2023. Disponible en: https://www.economia.gob.mx/datamexico/es/profile/product/apples-pears-and-quinces-fresh#:~:text=En%202021%20a%20nivel%20mundial,Unidos%20(US%24949M)

Conversor de divisas: disponible en:

https://www.xe.com/es/currencyconverter/convert/?Amount=1&From=USD&To=MXN

David, R. 1959. Principios de Economía Política y Tributación. Fondo de Cultura Económica. Primera Edición en español. México, DF.

El País, 2023. Cetes: el instrumento financiero que atrae ahorradores en tiempos de alta inflación en México. Fecha de última consulta 9 de febrero 2023. . Disponible en: https://elpais.com/mexico/2023-02-11/cetes-el-instrumento-financiero-que-atrae-ahorradores-en-tiempos-de-alta-inflacion-en-mexico.html

.*FAOSTAT, 2021.* Año Internacional de las frutas y verduras. *Disponible en:* https://www.fao.org/3/cb2395es/cb2395es.pdf

FAOSTAT, 2023. División de Estadística de la FAO. Disponible en. https://www.fao.org/3/cb2395es/cb2395es.pdf: consultado el 8 de noviembre de 2023

FIRA, 2023, Agrocostos, disponible en:

https://www.fira.gob.mx/Nd/Agrocostos.jsp

Gamboa, N. M., Rios, F. J. L., Rios, A. B. E.. 2022. Eficienca y productividad del agua usada en la producción de nogal pecanero (*Carya illinoensis*) versus manzana (*Malus domestica*) en Chihuahua, México. Editorial Académica Española. ISBN 978603887532. Berlín, Alemania.

Haro, G. A. Moreau, B. M. Del C. 2023. Manzana. En: PULEVA; Bienestar para disfrutar de la vida. Disponible en. https://www.lechepuleva.es/aprende-a-cuidarte/tu-alimentacion-de-la-a-z/m/manzana#:~:text=La%20manzana%20nos%20aporta%20vitaminas,Para%20fortalecer%20pelo%20y%20u%C3%B1as

Hoekstra, A.Y. 2003. Virtual Water Trade: Proceedings of the International Expert Meeting on Virtual Water Trade. Delft. The Netherlands. 12 and 13 December 2002. Value of Water Research Report Series No. 12. UNESCO-IHE. Delft. The Netherlands. www.waterfootprint.org/Reports/Report12.pdf.

INIFAP-CENID-RASPA. (2006). Programa Riego. [Fecha de consulta: 1 de diciembre de 2023]. Disponible en: https://cenidraspa.org/serg/serg_v1.php

Marx, C. 1982. El Capital. Tomo I. FCE, México DF, 1982

Mekonnen, M.M. and Hoekstra, A. Y. 2010. The green, blue and grey water footprint of crops and derived crop products. Hydrology and Earth System Aciences, 15(5): 1577-1600

Mekonnen, M. M. & Hoekstra, A, Y. 2012. A global Assesment of the wáter footprint of farm animal products. Ecosystems (2012) 15:401-415. DOI:10.1007/s10021-011-9517-8

Rios, F., J. L., Torres M., M. Castro F., Rafael, Torres M., M.A. Ruiz, T. J. 2015. Determinación de la huella hídrica azul en los cultivos forrajeros del DR017 Comarca Lagunera, México. Rev. FCA UNCUYO, 2018. 47(1): 101-122, ISSN impreso 0370-4661. ISSN (en línea) 1853-8665, pp.93-107. Mendoza, Argentina.

Rios, F., J. L., Torres M. M. y Torres M., M. A. (2016a). Productividad agrícola del agua en nogal pecanero del norte de México. Casos: Comarca Lagunera y Delicias, Chihuahua. ISBN978-3-639-80166-8. Editorial Académica Española. Saarbrucken, Alemania.

Rios, F., J. L., Pizarro, Q., A., Galván, C. R. V. 2021. Wassersparende landwirtschaftliche Muster mit Hilfe des Wasser-Fußabdrucks fall von DR005 Delicias, Chihuahua. Verlag Unser Wissen ISBN9786204117300. Berlín, Alemania

Ríos, F., J. L., Rios, A., B. E., Cantú, B., J. E., Rios, A., H. E., Armendáriz, E., S., Chávez, R. J. A., Navarrete M., C. & Castro, F., R. 2018. Análisis de la eficiencia física, económica y social del agua en espárrago (*Asparagus officinalis L.*) y uva (*Vitis* vinífera) mesa del DR-037 Altar-Pitiquito-Caborca, Sonora, México 2018. *Revista de la Facultad de Ciencias Agrarias. Universidad Nacional de Cuyo*, 50(2). ISSN impreso 0370-4661, ISSN (en línea) 1853-8665. Mendoza, Argentina.

Rios, F. J. L., Hernández, I. G. y Azpilcueta R., M.. 2021. Economia agricolo.ambientale dell´acqua utilizzata sulla produzione commerciale di melograno (*Punica granatum L.*) EDIZIONI SAPIENZA. ISBN 9786205168288. Berlino, Germania

Rios, F., J. L., Rios A., Becky E, Rios A., Hebrián E. 2019. Huellas hídricas física y económica de la leche. El caso de la leche bovina de Delicias, Chihuahua, México. Editorial Académica Española. ISBN 978-620-0-02518-0. Berlín, Alemania

Rios, F., J. L., Hernández, I. G. y Chávez, R., J. A. 2021. Economic productivity of water in Blackberry (*Rubus spp. L.*) and strawberry (*Fragaria vesca L.*): The case of Irrigation District 061 in Zamora. OUR KNOWLEDGE PUBLISHING. ISBN9786203189537. Berlín, Alemania

SIAP-SADER (2023). Cierre agrícola 2022. Disponible en: http://infosiap.siap.gob.mx/aagricola_siap_gb/icultivo/

Wikipedia. **Manzana.Disponible** **en:** **https://es.wikipedia.org/wiki/Manzana**

Zarza, L., F. 2023. Diferencia entre huella azul, huella verde y huella gris. Disponible en: https://www.iagua.es/respuestas/diferencia-huella-azul-huella-verde-y-huella-gris

yes
I want morebooks!

Buy your books fast and straightforward online - at one of world's fastest growing online book stores! Environmentally sound due to Print-on-Demand technologies.

Buy your books online at
www.morebooks.shop

¡Compre sus libros rápido y directo en internet, en una de las librerías en línea con mayor crecimiento en el mundo! Producción que protege el medio ambiente a través de las tecnologías de impresión bajo demanda.

Compre sus libros online en
www.morebooks.shop

info@omniscriptum.com
www.omniscriptum.com

Printed by Books on Demand GmbH, Norderstedt / Germany